U0186813

木工手贴
复古风家具轻松做

[日] 丸林佐和子
[日] 石川聪 著
陈建 魏榕 译

江苏凤凰美术出版社

我生在农家，长在农家，是农民的后代。一直以来，在生活中我都是自己手工制作各式各样的东西。自己制作身边的生活必需品是一件很自然的事情，这就像我们自己种植自己吃的蔬菜和大米一样。

想来，我爷爷、父亲、叔叔都是自己做所有的东西。我们家的狗窝，教孩子画画的画室都是他们自己做的。也许有很多人因为没有时间和资金，于是就放弃了天然的东西和自己中意的款式。但是，用自己喜欢的款式，做跟自己生活搭调的东西，无论是制作还是使用它时，我们的内心都会感到十分充实。制作并不是一件特别困难的事情。更重要的是，即使不是什么专家，我们一样可以自己做东西。别担心失败，尝试去做与自己家搭调的木工作品吧。

丸林佐和子

序

Prologue

原木构成之物，时间愈久愈有韵味。即使旧了，亦具有魅力。此类家具，手工做成，成本小，或改装，或加工，或再利用皆可。

我做家具时，只草拟最终完工时的草图，并未决定款式、比例、大小，若自己觉得“这样不错”，十分协调，那就这么做。但要预先考虑“放在哪里”。

另外，在本书中，以五段阶梯式评估法，介绍了 DIY 家具的难易程度。我希望初学者先挑战简单的，并记住其结构和制作方法。至于比萨烤炉以及木地板等难度较高的，如果不吝惜时间与劳动力，自己也能制作。尝试做那些手感好、外观也好的东西吧。只要你有一个轻便的圆锯，就一定可以做成的。

石川聪

Contents

目录

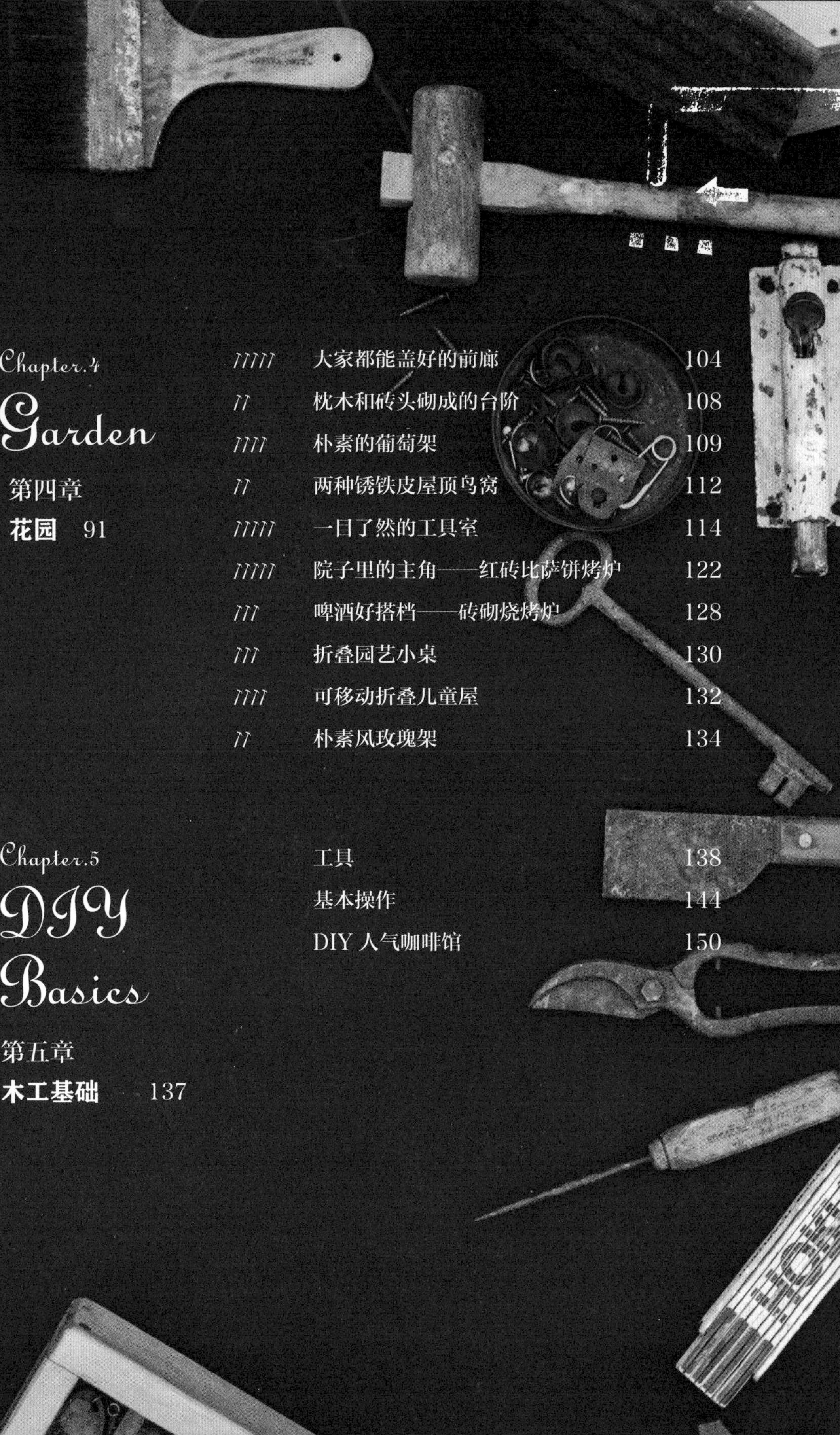

Chapter.4

Garden

第四章

花园 91

Chapter.5

DIY Basics

第五章

木工基础 137

丸林现在的家

我喜欢现在的家，随着时间流逝，
我越发感觉到它的韵味。

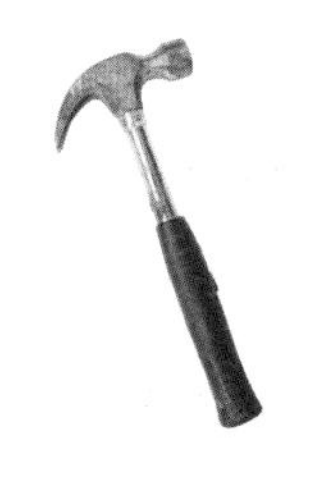

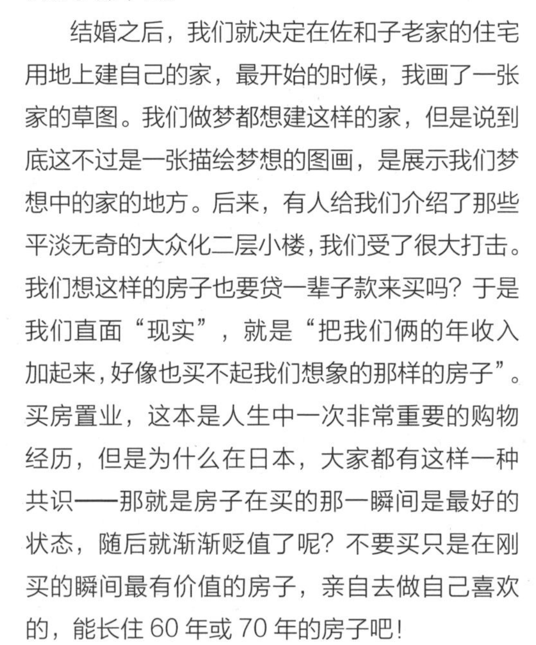

我现在住的地方，外面的墙壁由可可色的彩砖砌成，可以说是“砖石之家”。

现在，我家有两层小楼，比萨烤炉、小工具屋、两个木制平台，花坛里还有蔷薇花拱门。我们俩决定自己建造自己家的时候，甚至连如何钉长钉子都不会。

结婚之后，我们就决定在佐和子老家的住宅用地上建自己的家，最开始的时候，我画了一张家的草图。我们做梦都想建这样的家，但是说到底这不过是一张描绘梦想的图画，是展示我们梦想中的家的地方。后来，有人给我们介绍了那些平淡无奇的大众化二层小楼，我们受了很大打击。我们想这样的房子也要贷一辈子款来买吗？于是我们直面“现实”，就是“把我们俩的年收入加起来，好像也买不起我们想象的那样的房子”。买房置业，这本是人生中一次非常重要的购物经历，但是为什么在日本，大家都有这样一种共识——那就是房子在买的那一瞬间是最好的状态，随后就渐渐贬值了呢？不要买只是在刚买的瞬间最有价值的房子，亲自去做自己喜欢的，能长住 60 年或 70 年的房子吧！

我们想尽早开始盖房子，尽可能住长久一点，于是决定把自己做不了的东西交给别人做，以“半自建”的方法建造我们的家。

Story

Marubayashi Family's DIY

我们俩都是头一次做木工。佐和子说："我以前在儿童馆的工室里碰过做木工的机械，所以应该能做。"听到这样的话，我最开始的反应自然是"那就应该能做吧。"

但是，因为"想要木头做的厨房"这一个小念头，我们就一边学习家具店设计家具的方法，一边开始自己做。另外，我们一起去了"Joyful Honda"（店名），从必备工具到木料板材，统统挑选了一遍，随后开始建造自己的家。

首先，为了买盖房子的材料，我们去了一趟澳大利亚。在澳大利亚，自己做门窗是很普遍的事情。我们以悉尼为根据地，转了好几个城市。我们让人把当场下单的材料送到我们家，那些我们自己做不了的东西就让别人包工不包料。包工不包料，拿回来后要是不合适的话人家也不会管。我们也没有再买一次的资金，所以说是非常有风险的。另外，因为决定包工不包料，制造商没有多少利润，一般人家也不会答应我们，但是营业人员很热心，最终还是决定帮我们做了。

但是，我们还是遇到了各种各样的问题，从澳大利亚送来的材料和我们预定的颜色不一样，另外，澳大利亚制的门和日本的门相反，是朝内开的，还有人说“木制的窗户和窗框不吻合，可能会漏风、变形、关不严”……反正发生了各种以前从来没遇到过的问题。在自己盖房子这件事上，会遇到在买房时一般不会遇见的许多难题。但是，幸运的是，像家具店师傅、钥匙店师傅这些现在很少能找到的各类手艺人，都过来帮忙。

首先，他们帮我们做了房顶、外墙、窗户的基础工程。我拜托外墙贴砖的师傅“别把彩砖贴得平平整整，我想把砖贴得参差错落一点”。对于专业人士来讲，“故意把砖贴得凹凸不平”这种想法，其实是难以接受的，但是我觉得这样能在墙上体现出自己想要的那种韵味。

房子的骨架做好了之后，内部装修就是自己的事情了。我只让人帮我做了卫生间和浴盆，然后就风风火火地搬进了“砖石之家”。我先从最常用的厨房开始干，厨房完成之后，暂且可以生活了，于是我过上了白天上班、晚上回家干一点，主要是休息日装修的日子。其他用水的地方，墙上的砖、地板上的瓷砖等，虽然很费时间，但还是自己一点一点地做完了。

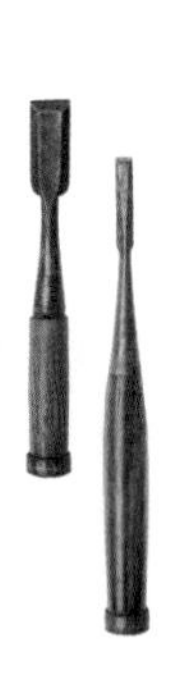

Story

Marubayashi Family's DIY

刚开始装修不久，佐和子就怀孕生产了，我是一边哄着女儿一边开始我的木工生活的。地板贴上三合板，再在上面覆盖一层保护膜，然后用胶条固定住，就这样生活，因此女儿的朋友都说："你们家没地板吗？"

半年后，最开始做的厨房完工了。我当时想，再有一年肯定都能做完吧。但是，我估计错了。

开工之后第 5 年，起居室完工了。我把贴了好几年的地板保护膜揭下来，终于露出了地板的本来面目。孩子们都欢呼雀跃，"我们家也有地板啦！"连小孩子都高兴得一蹦三尺高。

屋子收拾好了，但是为了收纳逐渐变多的木工材料和其他材料，我又花了三年时间做了一个小工具间。至此，这个讲究的小房子从内部装修到门窗，再到外墙都是我们自己做的。二层是一个工作室。

之后，次子房间的内部装修也完成了，"砖石之家"的内部装修工程终于告一段落了。完工的时候，墙上的硅藻土和水泥也都成了正常的颜色。

然后我给庭院做了木制平台，剩下就是每天一点一点地做生活必需的家具了。

丸林

说明

★ 本书中的 DIY 作品仅供个人休闲喜好而作，禁止以商业为目的的制作与销售。

★ 在讲述制作方法的页码中，没有明确标记数字单位的，皆默认为以 mm 为单位。

★ 材料的规格：高 × 宽 × 长。

★ 难易程度：锤子的数量以从 1 到 5 的形式表示难易程度。

★ 制作时间和预算表示制作一个作品所需要的时间和预算标准。

★ 木料等材料，不同的零售店会有 1 mm 左右的误差。

★ 注：(佐) 代表丸林佐和子的简称

(聪) 代表石川聪的简称

★ 书中若出现泥瓦工所用的必要工具，会附有指向详细的解说，请参阅解说部分。

第一章　起居室

起居室是我们一天中待得时间最长的地方，
起居室舒适宜居是非常重要的。
正因如此，起居室里肯定会摆放很多让自己舒服的家具。
因此，我们要让自己做的家具颜色相配。
如果我们把起居室的家具大体分一下类，
那么，可以分为看得见的收纳家具和看不见的收纳家具。
好看的、可爱的东西，我们就让人看到，不把它们收起来。
不想让人看见的，零七八碎的东西或者小孩玩具等，我们就把它们收进
收纳凳等这些看不见的家具里。

从厨房看去，起居室挑高至三楼天花板。在高高的天花板上，一个大吊扇慢悠悠地转着。从这里望去，能看见的家具几乎都是我们自己做的。

白色的水泥墙，随着时间流逝，颜色变得更有韵味。有曲线的柱子，棱角柔软的壁龛（利用墙壁厚度而做的壁橱）都能让我感觉温暖，而浓茶色的楼梯踏板和家具营造出了蜜糖一般的感觉。

我在壁龛里放入很多以前做的旧东西。壁龛的制作方法很简单，在墙壁的石膏板上用钻孔机掏一个洞，再用线锯切成矩形。然后用木板把它围上就可以了。最后涂上一层漆。在墙上开洞的时候，最好用商店里买的墙壁探测仪，这样可以避开钢筋交错，或者有柱子的地方。另外，装电路的时候一定要小心。

我请木工师傅在二楼楼梯平台的墙壁中部位置（腰壁）打洞。

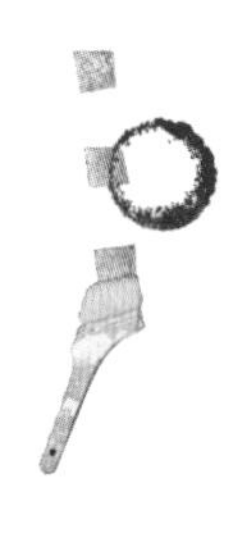

在起居室顶部，有我自己亲手做的阁楼和天窗。与做阁楼相比，大面积抹水泥才是最辛苦的事。我还为天花板涂了一层油性着色剂。踩着咯吱咯吱响的凳子抹水泥，也是不错的回忆。（聪）

屋里屋外到处都是绿色植物。特别是起居室，我想让它的氛围柔和一些，于是绿色就渐渐变多了。庭院中有些地方我觉得什么都没有太单调了，于是就铺上草坪，并买来小树苗，把它养大，这也是一种乐趣。无论是家还是植物，我都喜欢花费时间来收拾它们。（聪）

我想要一个带盖子的玻璃箱。虽说做玻璃家具很难，但是利用市面上卖的东西，还是可以轻松实现的。这次我就用从百元店（相当于国内的十元店——译者注）买的相框做了一个。我把板子稍稍斜着切了一下，所以有一点角度，但看起来是不错的亮点。这次把制作原材料换成了玻璃，但其实树脂的材质也十分耐用。而要是用玻璃做的话，用很长时间也不会变脏、变暗，值得推荐。（佐）

相框做的温室箱

→第 33 页

墙上浓茶色的砖和冷色调圆火炉搭配得非常好，一般我就拿没用的木料下脚料当柴火用。

Photo Frame

做木工活，最后一般会剩下大大小小、各种各样的下脚料。在我们家大多数下脚料都在冬天当柴烧取暖用了。但是，也有一些木材烧了太可惜了，比如有些年头的柚木、栎木等珍贵木材的下脚料。 这些下脚料的色感和手感实在让人难以舍弃，也有很多再利用的方法。这次我就做了一个手工品，只要在从百元店买来的相框上贴上这些下脚料， 就能让相框变得很有韵味。（佐）

用下脚料制成的复古韵味的相框

→ 第 29 页

这个小熊木偶（左）是佐和子亲手做的；干莲蓬（右）这样富有个性的花，并不艳丽，与灰泥墙搭配十分和谐。

Glass Bottle Lamp

要是去英国，你会发现英国的房间里吊着很多灯，环境十分静谧协调。在英国，灯是个十分重要的东西。那么怎么装饰灯呢？在日本，一般都是在天花板上装一盏明亮的荧光灯，但是，橘黄色、灯光稍弱一些的白炽灯灯泡的使用方法可以分为很多种，进而带来的光线的差异，也会让人的心情在开（开心）和关（不开心）中变化。我想把起居室也做成一个安稳协调的地方。（佐）

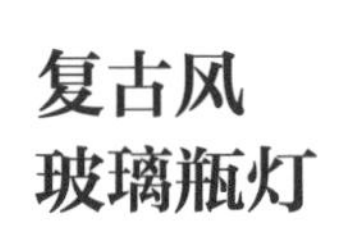

→第 30 页

梅森罐已经成了 DIY 的固定用品了，这个灯就使用了它。如果提前熟知装卸方法，租房子住的人也能把它拆下来，拿到下一处居所，十分方便。

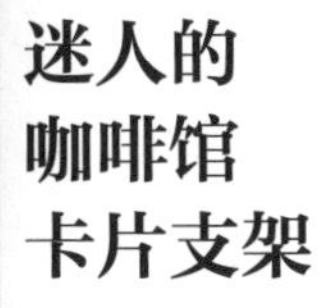

迷人的
咖啡馆
卡片支架

→第 32 页

Card Stand

在我很熟悉的家庭咖啡馆（Café La Famille，位于日本茨城县结城市）的入口，我总是能注意到那个非常精美的手工收纳架，用来放广告、卡片等杂物。要是稍微留意一下，我们家里也有很多卡片和画册。为了能把它们美观地收纳起来，方便随时观看，于是经店主的同意，我制作了一个一模一样的。它比我想象得还要能收纳更多卡片类的东西，我十分喜欢。（佐）

Storage Bench

带锁扣的收纳凳

→第 34 页

朋友求我“想要一个能放园艺用具的凳子，放在我家的阳台上，夏天还可以坐在上面喝杯咖啡”，于是我就做了一个。我把它设计成黑色和茶色，盖子是用旧木板制作的，即使使用很长时间也看不腻，所以我十分推荐这款凳子。给金属环挂上复古风的锁头，使劲一按就关紧了。把想收起来的玩具、工具等放进去，十分方便。请一定试着做一下。（聪）

用木制托盘制作的圆凳

→第 36 页

我一直就想做一个圆凳，但是凭我的手艺，很难把木材漂漂亮亮地切成圆形。有人可能会问，没有本来就切成圆形的木料吗？我去装饰店找过了，但是并没有找到合适的。于是我就想到了木制托盘。然后我就在杂货店（店名：Natural Kitchen）找到了完美的木制托盘，给它安装上四条腿后，一个可爱的圆凳便呈现在了眼前。（佐）

我已经做成了一个十分可爱的圆凳，但是我还想将它升级，于是我进行了一项新的挑战，给它裹上布和皮革。这样，我就做出了一个十分满意的作品。我用的材料是合成皮革、托盘、木料、布、人造橡胶、铆钉等，这些材料全都加起来也不到 1000 日元（大约 60 元人民币），而我却能在其中体会到很多制作家具的乐趣。

Partition

宽面隔断

→第 38 页

隔断的使用范围出乎意料地广泛。要是稍微低一点，在办公室里也能用，要是用于咖啡馆等地方的间隔处，可以有效分隔空间。如果你是租的房子，墙上不能钉钉子，那就把隔断摆放成“L”形放在墙角，在上面就能装饰很多东西。隔断的制作方法也极其简单，请务必试一试。（佐）

这是在家具店买的合金合页。我们把整个隔断展开就会看见，就连一个小小的合页，材质上也非常有韵味。

装上小金属钩或者挂毛巾的架子，我们可以把平时乱放的东西挂在上面。

花环等装饰物也可以挂在上面。

要是隔断过大的话，可以把杉木板减少到三块，还可以改成型号小一些的。

复古风小水族箱

→第 40 页

每当取材或者摄影的时候，我最苦恼的就是如何体现出水族箱的美观。因为塑料框的水族箱本身就缺乏装饰性，我想我迟早要自己做一个。正在我温习设计方法时，公司的同事请求我给他做一个“婚礼用的记账桌”。我问他有什么要求，他说：“想要做得结实一点，日常生活中也能用。我结婚之后还想养热带鱼，最好能带个水族箱。”于是我想来想去，给他做了一个带水族箱的桌子（右图）。我给自己家里也做了一个，这是我的第三个作品。（聪）

Small Aquarium

18 世纪的时候，瑞士的博物学者在圆柱形的玻璃容器里养了一种叫作“水螅”的无脊椎动物，据说水族箱就是从这儿发源的。这个小水族箱是按照电气开始普及的 19 世纪的样式制作的。把水族箱专用的过滤器藏在盒子里，橡胶软管用铜管包起来，为了照亮整个玻璃容器，我还给它做了一个照明台，外观看起来简约朴素。这个照明台也可以用台灯来代替。

水族箱采用纵向的细长型设计，放在哪里都没问题，从彩色玻璃中透出来的光十分好看。下面的门里放置了外接式过滤器，随时可以把软管拿下来进行清洗。上面的盖子是可闭合的，可以从这里清理苔藓以及修剪水草。也可以把水族箱整个拿下来清洗。抽屉里可放鱼食和净水剂。

Plant Shelf

三层
小花架

→第 39 页

如果家里的盆栽不断增多，就会占用不少空间，影响通风和光照，所以把这么多盆栽放在哪里，其实是一个令人苦恼的问题。这个时候，要是有一个三层架就会十分方便。（佐）

家里玄关的门是装修之前我在 Joyful Honda（店名）的复古家具区的仓库里找到的，上面带着彩色玻璃。因为门锁上没带钥匙，所以我在网上找了很多专门做钥匙的手艺人，最终请来了一个专门做钥匙的大爷，让他做了一把很久以前用的那种复古风柱形钥匙。我还记得，他非常高兴地告诉我："为了让钥匙能更加顺滑，最好用铅笔芯蹭一蹭。"欧美的门和日本不一样，是朝内开的，装这样的门，我费了很多工夫。

玄关处的长桌，靠在门边的鞋柜，大多能看见的家具都是我亲手制作的。

储物架还可以放在屋内，收纳玩具等物品。

用红酒盒改装的储物架

→第 44 页

Vegetable Stocker

在我家的田里，种着土豆、胡萝卜等各种各样的蔬菜。为了储藏采摘下来的蔬菜，很多农家把塑料制的黄色或者蓝色的容器当作储藏盒。虽说这样很实用，但是稍稍让人觉得有点不讲究。市面上卖的红酒盒很轻，外观也好看，所以我想把它改装一下做成储物架。如果把红酒盒斜着组装起来，就成了欧洲市场上卖的那种收纳架了。（佑）

红酒盒是用螺栓和蝶形螺母固定的，所以不用工具也可以拆卸。也可以随时换一个新的，使用起来十分方便。

用下脚料制成的复古韵味的相框

制作用时：1 小时
预算：100 日元 →第 17 页

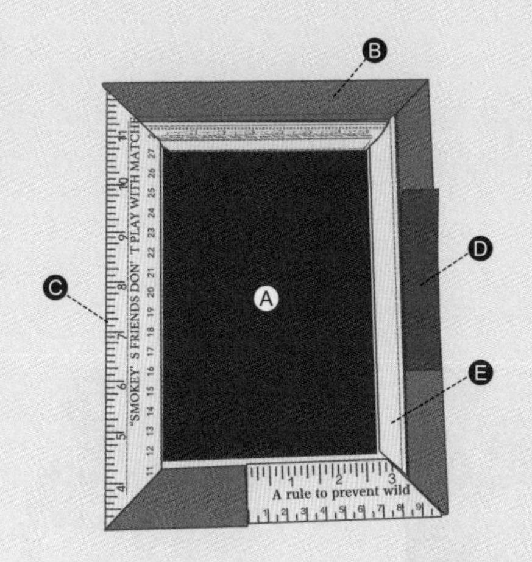

原材料

A 百元店里卖的普通相框
（高 12× 宽 174× 长 225）1 个
B 旧木料（高 14× 宽 18× 长 174）1 块
C 木尺（高 4× 宽 29× 长 225） 2 把
D 锈铁板：下脚料（高 0.8× 宽 19× 长 92）1 块
E 装饰线条（高 12× 宽 12× 长 84） 1 个

工具以及其他材料

木工胶。

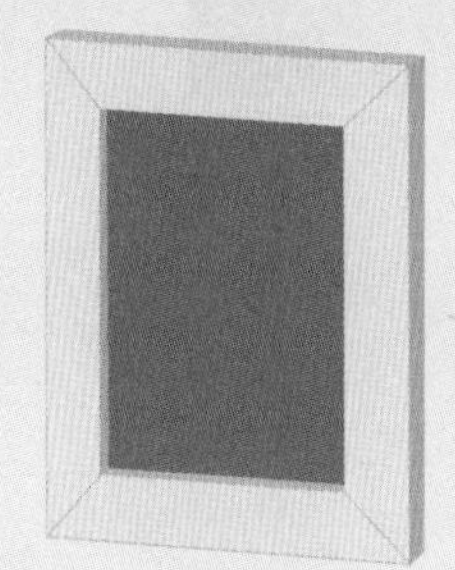

1

相框的选择

请选择一款表面光滑平整的相框。不要选择已经加工过的或带有装饰的相框。

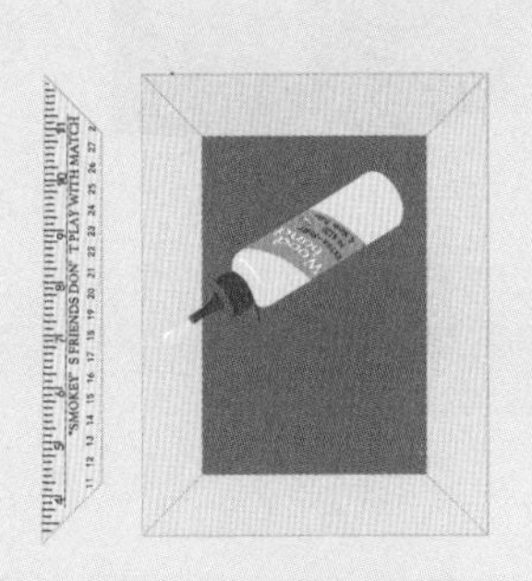

2

下脚料的黏合

将尺子两端削成 45 度，用黏合剂把它和相框黏合起来。在安装旧木料、铁板以及装饰线条的时候，优先突出参差不齐的美感和趣味。

要点

相框的制作要点

在相框上面贴什么?

如果周围家居色彩是茶色系的，就贴图例中那样细长的木条和生锈的铁板，这样就会显出一种稳重成熟的氛围。另外，像圣诞树那样，贴一些树枝或者果子，也很搭。我推荐大家简单装饰一些果子或者复古风的勺子。另外，贴一些旧杂志上剪下来的剪纸或者旧邮票也不错。

里面放什么照片好?

最和谐的是放一些黑白或者暗色照片。放一些褪色的旧照片也没问题，但是如果放一些流行照或者色调鲜艳的照片就和这个相框的风格不太搭了。

想要放一些彩色插图

这样的话，就要给相册上色。要点是要与想要放的插图或者照片的主色调相协调。如果难以辨别主色调，就用照片里主要人物或者其他配角的颜色。

复古风玻璃瓶灯

制作用时：2 小时　预算：3500 日元　→第 18 页

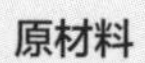

原材料

A：梅森罐 1 个

B：带细电线的照明灯具及黄铜灯口各 1 个

工具以及其他材料

双金属片开孔器（26 mm）、金属钻头润滑油、蜡烛、瓶盖、中心冲（定准器）、连接器盖、圆形接头（要确定适配器的螺钉直径）。

1

在盖子上开一个凹槽

用中心冲在盖子正中间打一个凹槽。也可以用梅森罐的盖子，但是这次我用的是其他瓶子的盖。

2

滴上润滑油

在金属器物上开孔之前，可以滴上金属钻头润滑油来润滑。

3

打孔

用双金属片开孔器在盖子上开一个孔。钻头的尺寸要和灯口吻合。

4

开好孔之后的样子

图为开好孔之后的样子。要买与灯口的口径吻合的开孔器。用这种开孔器可以制作独创的照明灯，所以可以常备。

5

装到盖子上

把灯口装到盖子上。我用的这个黄铜灯口有一个金属环，把这个金属环拧进去两边就可以把盖子夹住，安装起来十分方便。

6

适配器的形状

一般的适配器是图上那样的形状。把适配器插到天花板的电源插口里，拧一下就可以拆装。

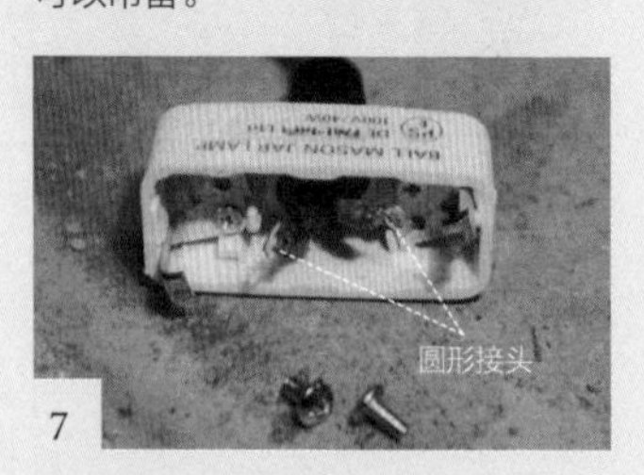

7

把圆形接头自带的螺钉拧下来

把适配器内部的圆形接头自带的螺钉拧下来。

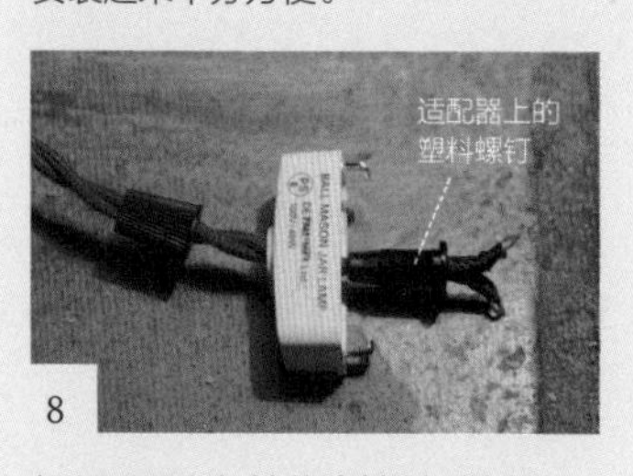

8

把适配器上的塑料螺钉拧松

把 B 照明输入端口上最开始自带的塑料螺钉拧下来。因为电线在某些时候会过重，这是为了耐重而设置的。

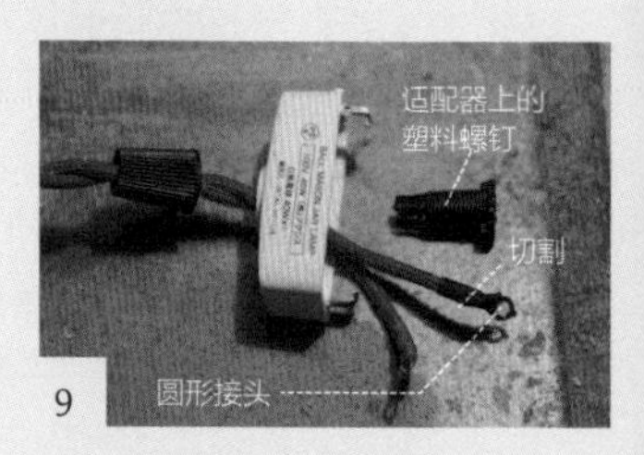

9

把适配器的塑料螺钉拔下来

把适配器的塑料螺钉从电线上拔下来。电线一端的圆形接头没有用处，用剪子把它剪下来。

带电线的照明灯具时，需要注
地方有两个：一是电线不能损
体的复古氛围，二是要选择灯
螺钉固定的以及灯口处保护盖
更换的类型。只要遵循这两点，
就非常简单。

制作玻璃瓶灯，首先要准备一个与灯口口径吻合的梅森罐。根据自己的想法制作各种各样的独创照明灯并不是空想。电线过长时，有人把它们扎起来以便调整，也有人期待完成度更高的解决办法，我在下文里详细介绍了连接盖安装的过程，无论如何请尝试做做。

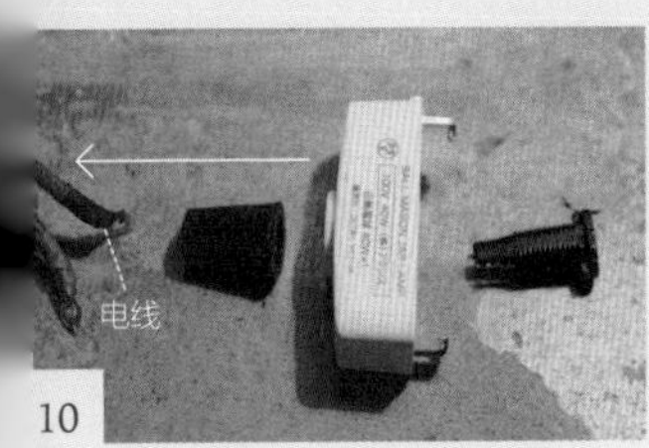

10

把电线拔下来

上图是把电线从适配器上拔下来之后的样子。

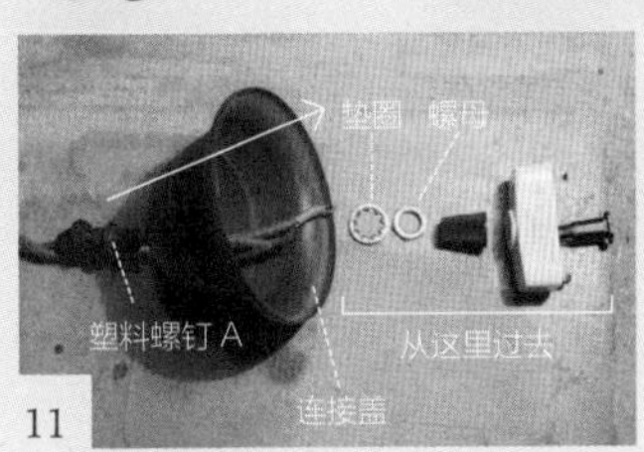

11

穿过连接器盖

从连接器盖的塑料螺钉 A 上把螺母拧下来，把电线穿过去。

12

装上螺母

把原来塑料螺钉 A 上带的螺母从另一边套在电线上，用塑料螺钉 A 把整个接头固定住，再把塑料螺钉 B 拧紧，这样连接盖就与电线连接紧密，不会轻易滑落。

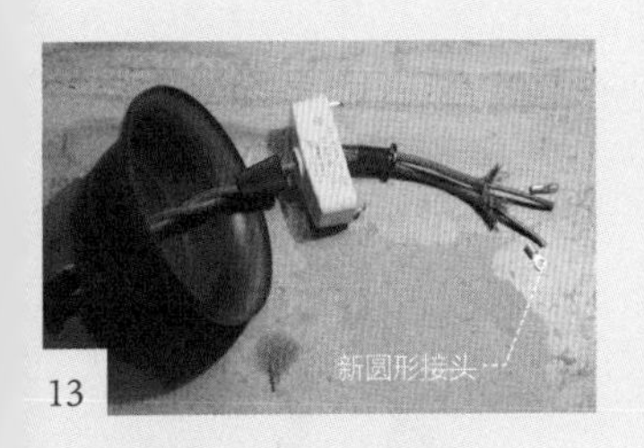

13

把电线穿过适配器

把电线穿过适配器，顺序和拆的时候相反。准备一个新的圆形接头。买的时候要提前确认圆形接头是否和接头的螺钉直径相符。

14

安装圆形接头

用刀把电线上的绝缘外皮剥下来，露出真线。把圆形接头套上去用钳子夹紧。

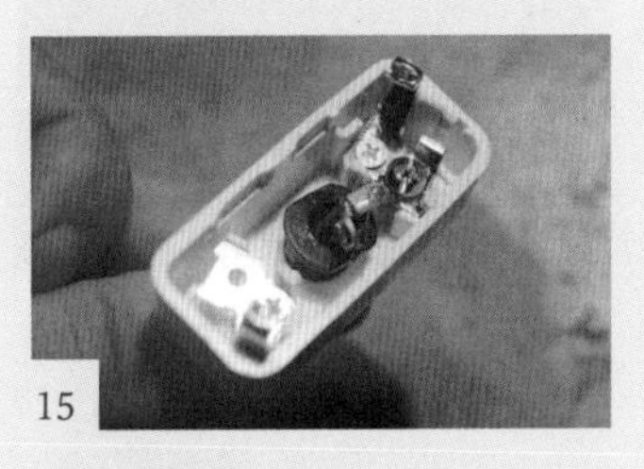

15

安装适配器

把适配器的塑料螺钉固定在圆形接头上，安装顺序和拆卸的时候相反。

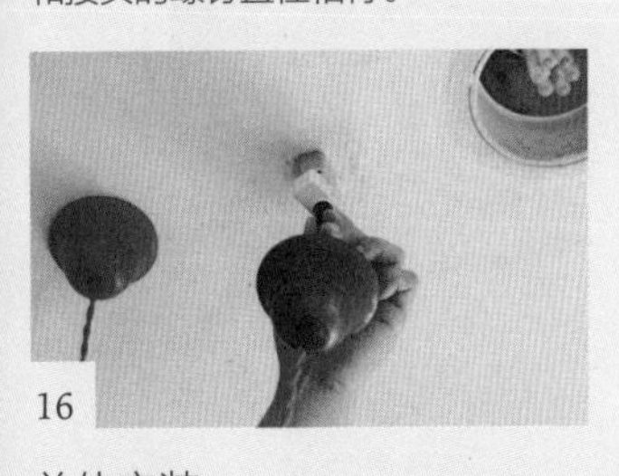

16

总体安装

把适配器插进天花板的电源插口里，拧一拧就装完了。最后再把连接盖推上去，把塑料螺钉 B 拧进去，这样就固定好了。

17

做旧

玻璃瓶做旧的主要方法是把蜡烛滴在上面然后再擦掉，这样就可以呈现出复古的感觉。这种方法用在有标签的凹凸不平的地方效果更好。

选择连接器盖的小窍门

选择连接器盖的时候，大小要能盖住天花板的插口和连接接头。太小太浅的连接器盖即使装上也起不到“盖”的作用，这一点需注意。

迷人的咖啡馆卡片支架

制作用时：3 小时　预算：3000 日元　→第 19 页

原材料

A 背板：旧杉木（高 8× 宽 290× 长 510）1 块
B 背板：旧松木（高 11× 宽 200× 长 510）1 块
C 背板：旧杉木（高 8× 宽 180× 长 510）1 块
D 侧板：旧木料（高 17× 宽 51× 长 285）2 块
E 侧板：旧木料（高 20× 宽 38× 长 195）2 块
F 侧板：旧木料（高 16× 宽 37× 长 175）2 块
G 底板：旧木料（高 12× 宽 59× 长 510）1 块
H 底板：旧木料（高 15× 宽 50× 长 510）1 块
I 底板：旧木料（高 15× 宽 60× 长 510）1 块
J 底板：杉木（高 12× 宽 170× 长 380）1 块
K 侧板：杉木（高 12× 宽 170× 长 320）2 块

工具以及其他材料

木工胶、防裂螺钉。

在步骤 2 中，为了防止倒下，可以把木材横放，用夹紧器固定。

1

制作架子主体

按照图示 ADG、BEH、CFI 的顺序，用胶把架子黏合起来，在背面用螺钉固定住。

2

制作底座

把 K 侧板斜着切割，然后用胶粘在 J 底板上。胶干之后从背面用螺钉固定。

3

安装底座

把在步骤 2 中做的底座黏合在①中，在正面以 A 背板到 K 侧板的顺序用螺钉固定。用防裂螺钉把②和③固定在 GH 底板上。

4

连接零件

在步骤 3 中做好的底板上设置木板，将③的下部用木板连接主体。

5

完成

胶干了之后用螺钉固定住。图为横看的样子。可以根据想要存放的东西来改变大小。

相框做的温室箱

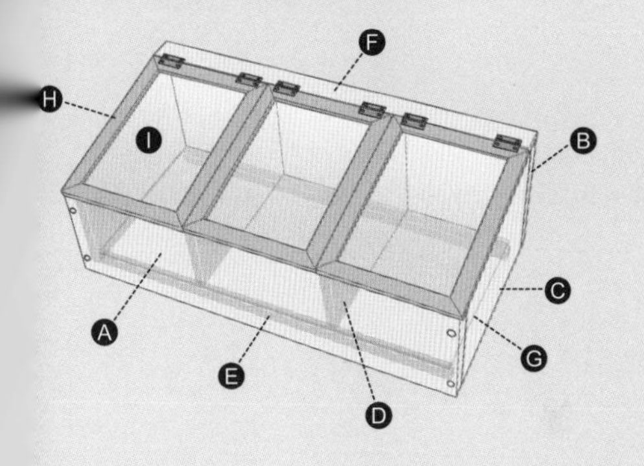

制作用时：4 小时　预算：3500 日元　→第 15 页

原材料

A 正面板：SPF 木材（高 19× 宽 140× 长 536）1 块
B 背面板：SPF 木材（高 19× 宽 184× 长 536）1 块
C 侧面板：SPF 木材（高 19× 宽 184× 长 235）2 块
D 间隔板：SPF 木材（高 19× 宽 184× 长 235）2 块
E 固定木条：美国松木（高 12× 宽 12× 长约 512）2 条
F 板材：贝壳杉木（高 10× 宽 40× 长 536）1 块
G 底板：胶合板（高 3.6× 宽 235× 长 512）1 块
H 百元店相框（高 8× 宽 178× 长 240）3 个
I 玻璃（高 2× 宽 146× 长 208）3 块

工具以及其他材料

木工胶、螺钉、防裂螺钉、钉子、木销子、合页 6 个
※ 尺寸中注明“约”的地方，要根据实际物体确认尺寸。

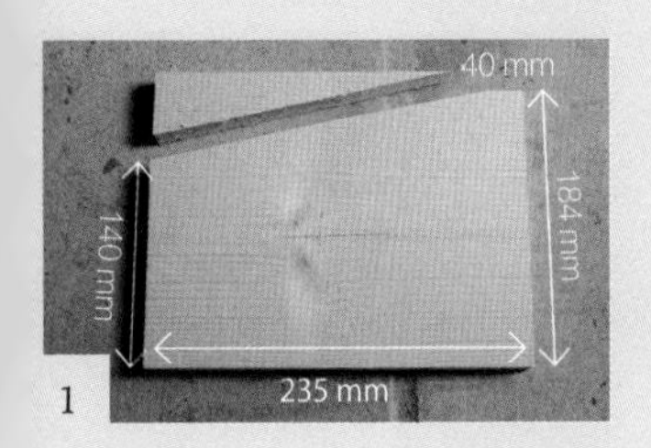

切割侧板

如图所示，将侧板 C 斜着切割。

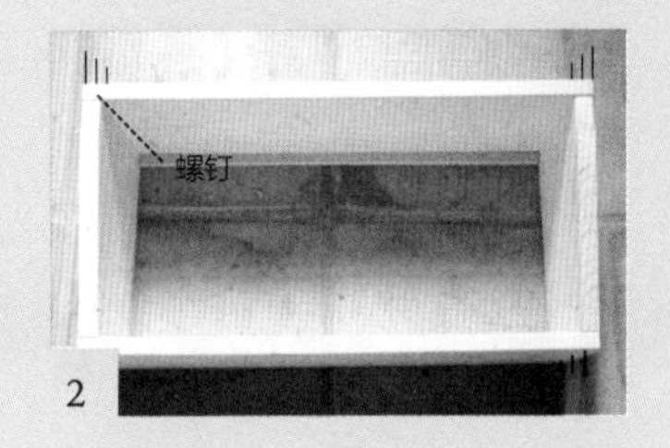

制作木框

用胶把正面板 A、背板 B 和侧板 C 黏合起来，用螺钉固定。然后把螺钉头藏在木销子里。

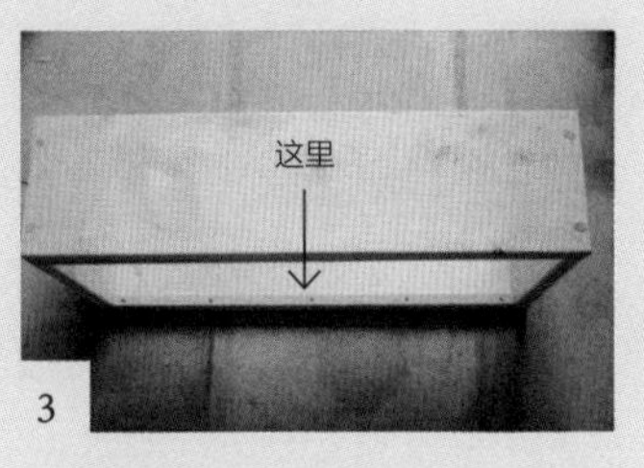

安装固定木条

把固定木条连接到底面内侧，用钉子固定住。

黏合底板

用胶把底板 G 黏合起来。

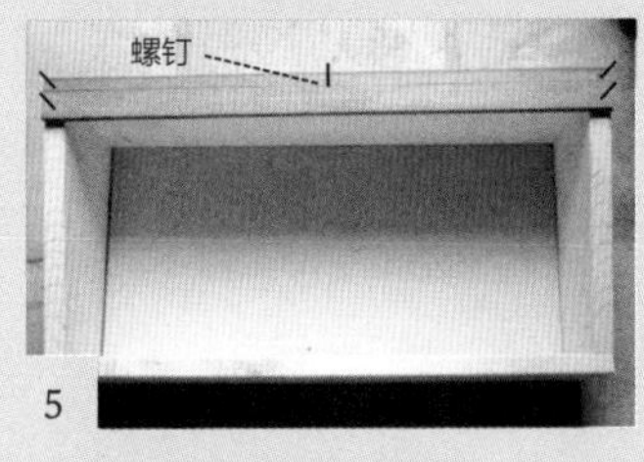

把板材装在外侧一面

用胶和钉子把板材 F 固定在背板 B 朝外一侧以便安装合页。

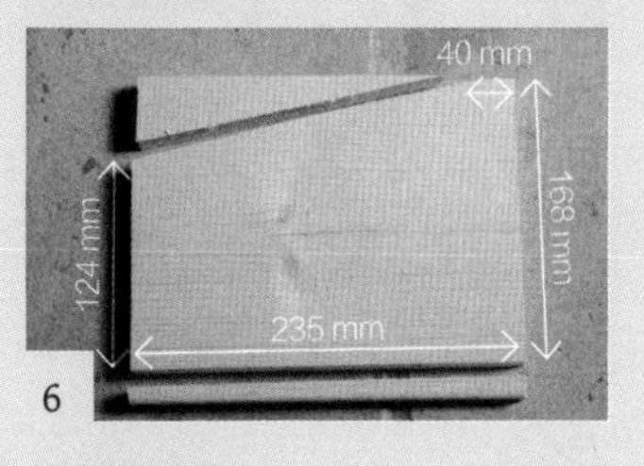

切割间隔板

将间隔板 D 按图示切割。

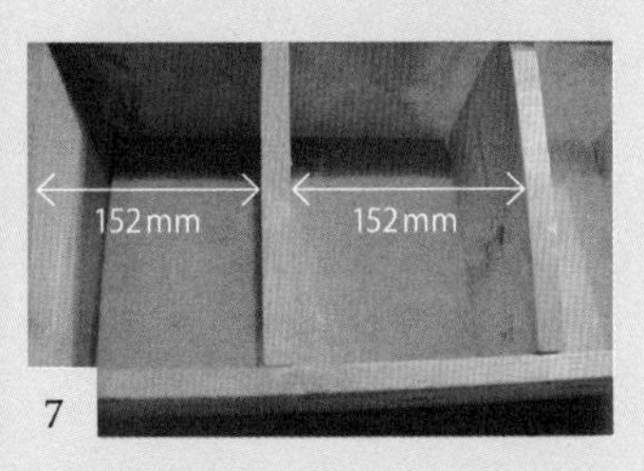

安装间隔板

像贴照片一样把间隔板 D 连接上，从侧面和背面用防裂螺钉固定住。

安装木框上的玻璃门

把相框 H 的丙烯外板卸下来，换成玻璃板。图上展示的类型是悬挂式的，带有金属钩。

用合页固定住

用合页把门和主体固定住。注意不要让螺钉穿透相框，推荐使用长度为 7 mm 以下的螺钉。

带锁扣的收纳凳

制作用时：10 小时　预算：12 000 日元　→第 20 页

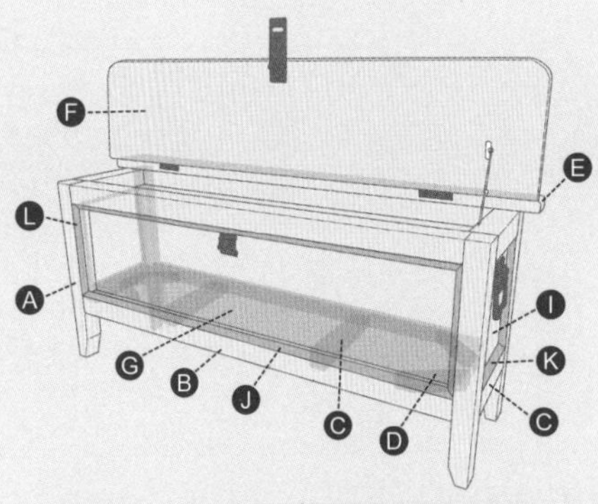

原材料

A 凳子腿：红松木条（高 38× 宽 42× 长 410）4 条
B 主体框架（正面和内部）：红松木条（高 38× 宽 42× 长 865）
C 主体框架（侧面和增强材料）：红松木条（高 38× 宽 42× 长 175
D 增强材料：红松木条（高约 38× 宽 42× 长 110）4 条
E 顶板：旧木材（高 20× 宽 80× 长 1100）1 块
F 顶板：旧木材（高 20× 宽 220× 长 1000）1 块
G 底板：胶合板（高 5× 宽 875× 长 195）1 块
H 前板与背板：SPF（高 19× 宽 235× 长 865）2 块
I 侧板：SPF 木材（高 19× 宽 235× 长 175）2 块
J 装饰线条：（高约 15× 宽 15× 长 865）2 条
K 装饰线条：（高约 15× 宽 15× 长 175）4 条
L 装饰线条：（高约 15× 宽 15× 长 225）6 条

工具以及其他材料

木工胶、螺钉、无头钉、销子、把手 2 个、锁扣、合页 2 个、闭合零件、钉子。
※ 尺寸上写“约”的材料以实际情况为准。

1

在 B、C 上开槽

用双头圆锯在 B、C 上开槽以便把 H、I 木板镶嵌其中。

2

开槽之后的样子

图为开好槽之后的样子，在宽 20 mm 左右的木材上打上 5 条深 8 mm 的槽。如果家中没有圆锯，可以用 10 mm × 10 mm 的四角木材把 H、I 板材压下去。

3

用凿子敲落

用凿子把栉状多余部分剔除。

4

镶嵌板材

开好槽后，镶嵌 H、I 板材。

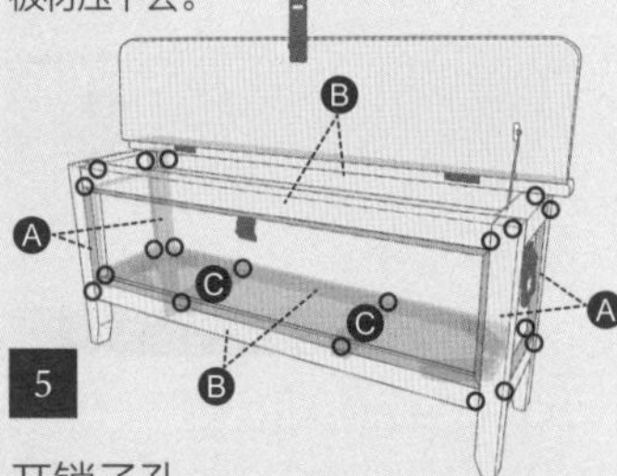

5

开销子孔

在 A、B、C 连接面打眼，以便用木销子把它们连接起来。因为木销子要两根一起使用，所以要在 A 上开 4 个眼，在 B 与 C 两端开 2 个眼。

6

斜着切割凳子腿

把 A 凳子腿处沿斜面切割。

7

把板材 H、I 连接起来。

用胶水把板材 H 和 B 的主体框架黏合起来，用夹紧器将其固定住，直到胶水彻底干燥。用同样的方法，把板材 I 和 C 的主体框架黏合起来。因为 SPF 木板会起木节，所以最好刷一遍油漆。

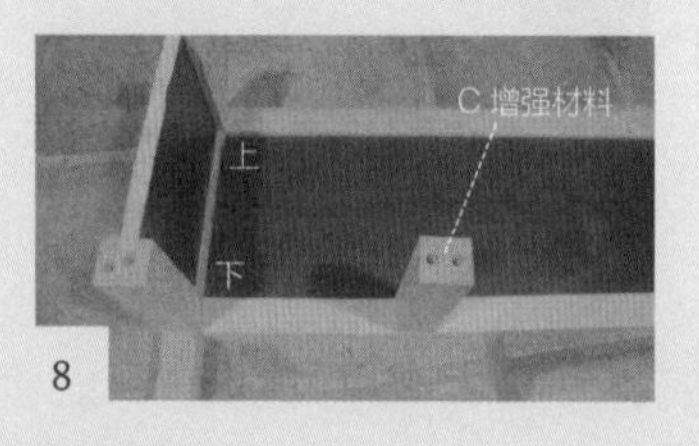

8

组装销子

在步骤 5 中已经打好的木销子孔上装上四边形的零部件，在增强材料 C 上也要安装 2

9

稳固地嵌入木销子

因为木销子数量很多，所以有时可能难以嵌入。组装的时候把底板用大号的锤子敲进去，然后用夹紧器将其固定起来。

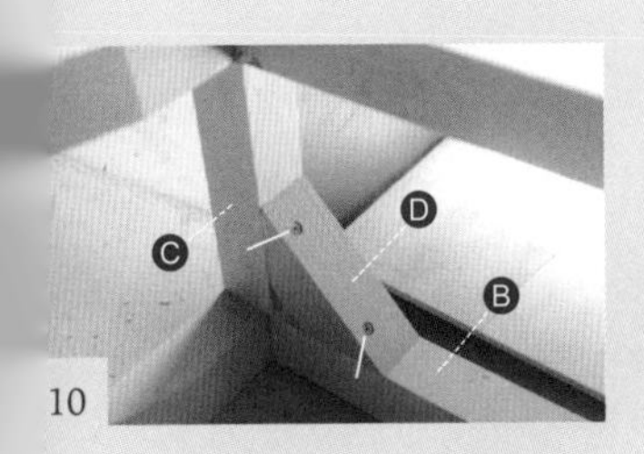

10

用螺钉将增强材料 D 固定住

将增强材料 D 沿 45 度切割，并用胶水和螺钉固定。如果预先打好螺钉孔，那么这道工序会更加容易。

11

切割底板

将底板 G 按实际大小切割。因为要跟 A 凳子腿的角大小吻合，所以必须将 4 条边逐一切割，并将底板用胶和钉子固定（在内部从上到下）。

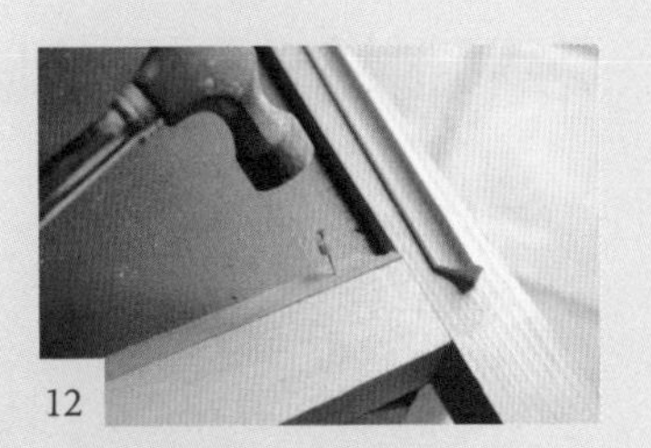

12

组装装饰线条

把 J、K、L 装饰线条按实际大小切割，并用胶水和无头钉固定。

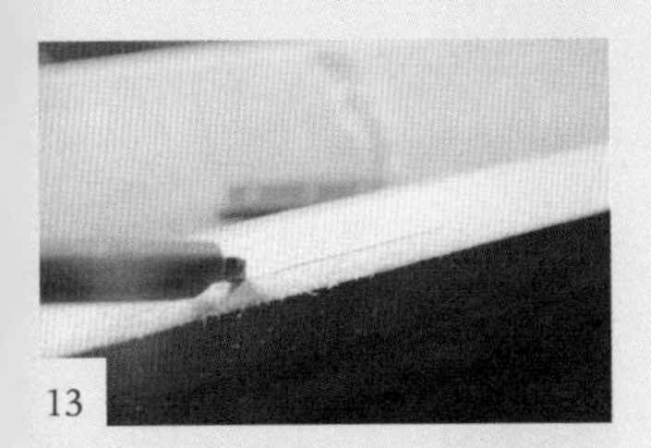

13

确定合页的位置

在顶板 E 的侧面 150 mm 处放置合页，用刀具做记号。

14

合叶开槽

用凿子开槽以便安装合页，槽的高度可以和合页相同，也可是合页的 1.5 倍。

15

安装合页

将合页安装于两头。先用螺钉固定两个孔，在确认可以正常开关之后再安装最后一个孔。

16

连接顶板 E

用胶把顶板 E 黏合在木框外部顶层。

17

固定顶板 E

用黄铜螺钉则会显出复古的感觉，若没有，把螺钉隐藏起来，也能营造出复古风。

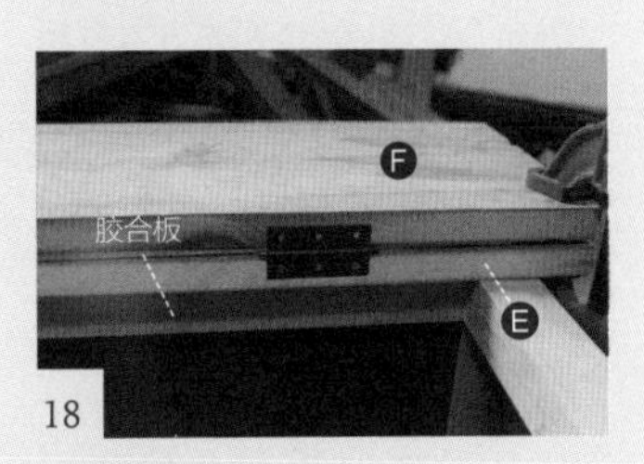

18

安装顶板 F

把顶板 F 安装在顶板 E 的合页处（不要把它嵌入顶板 F 处）。夹在胶合板 3 mm 左右的地方，最关键的是要用夹紧器固定安装。

19

安装闭合零件

把闭合零件安装于顶板 F 与主体 C 处。因为有左边用的和右边用的区别，所以安装时要特别注意。

20

安装把手

将把手做旧，呈现铁锈色，并安装于两面，这样则很有复古的感觉。

21

装锁扣

不装锁扣也可以，但是装了锁扣就可以挂锁，适宜储存贵重物品。

用木制托盘制作的圆凳

制作时间：3 小时　预算：1000 日元　→第 21 页

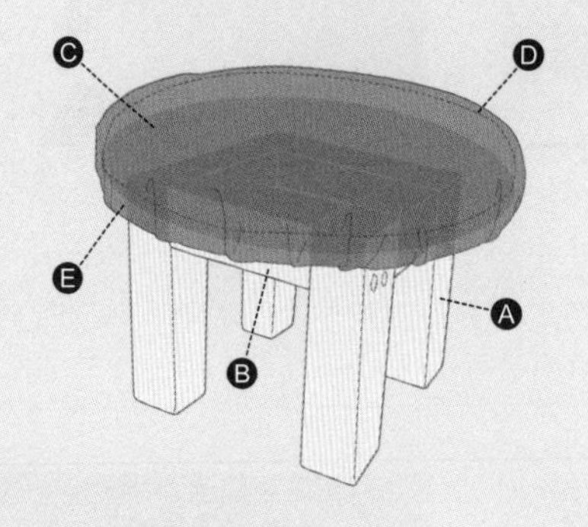

原材料

A 圆凳腿部：红松木条（高 38× 宽 38× 长 160）4 条
B 横板（高 38× 宽 38× 长 95） 4 条
C 市面上卖的木制托盘（高 20× 直径 265）1 个
D 再生棉布：涤纶（高 35× 宽 400× 长 400）1 块
E 人造革（直径约 400）1 块

工具以及其他材料

木工胶、螺钉、剪刀、裁纸刀、订书器、木销子
※ 尺寸上写“约”的材料以现场实际情况为准。

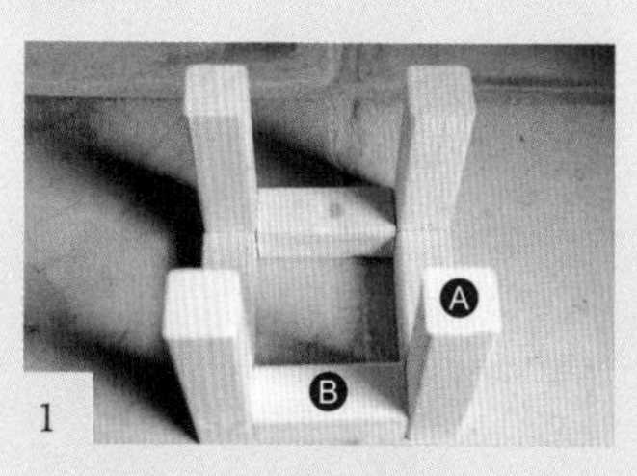

1

黏合 A、B 方木材

如图所示，将 A、B 处的方木材用胶粘起来。放置别处直到胶水凝固。

2

打孔以便安装木销子

开孔以便用木销子隐藏螺钉。用钻头可以打出适合木销子的固定规格的孔，可以让工作变得更加简单（按个人喜好而定）。

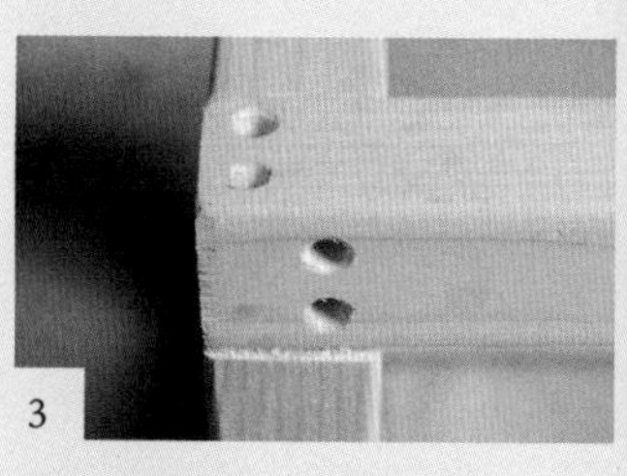

3

开孔的位置

如图所示，开孔的位置位于 A 圆凳腿处，关键是不能妨碍那两根螺钉。

4

用螺钉固定

把螺钉拧进开好的孔里，将两边的方木材固定住。

5

把销子插进去

在木销子孔中涂上胶水，把木销子插进去。

6

把木销子露头的地方锯掉

胶水干了之后，把木销子露出来的部分锯掉，然后锉平。

做好了之后就拆不了了，所以最好先试着坐一下，确认一下没有其他毛病。

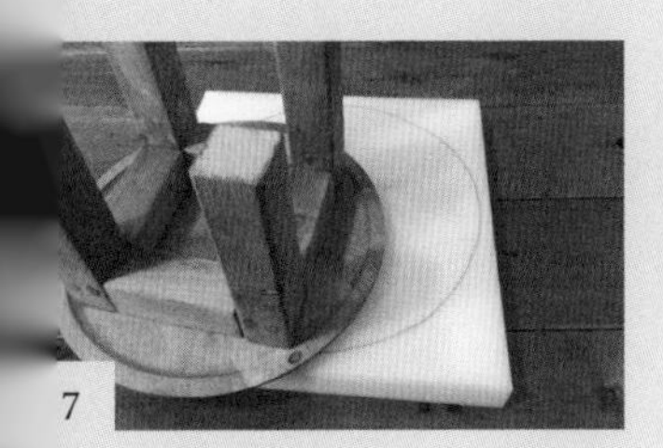

7

把木制托盘的形状拓到再生棉布上

用螺钉把托盘 C 固定在 6 的圆凳腿处，之后将其放置于再生棉布 D 上，用记号笔把托盘的形状拓下来。

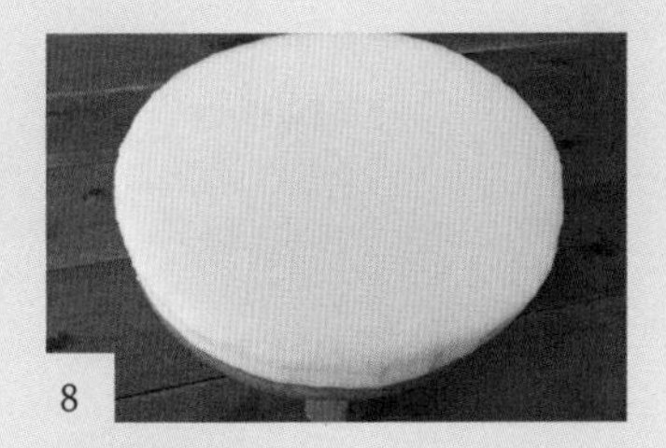

8

裁剪再生棉布

用裁纸刀把 D 处再生棉布裁成圆形，然后拿出来，放到托盘上。

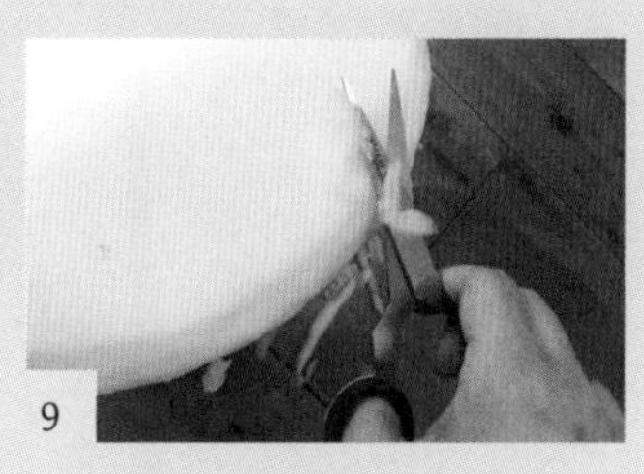

9

剪成合适的圆形

用剪刀裁剪再生棉布，再将其贴在托盘上面，剪成大小合适的圆形。

10

裁剪人造革

把椅子反着放在人造革上，再把人造革剪成直径 60 mm 大的圆形。

11

用订书机固定

把再生棉布放好，折叠人造革，把它包起来，同时用订书器固定。

固定的要点如下：若是先固定了 12 点钟方向，那么接下来就要固定正反面的 6 点钟方向，若是 3 点钟则接下来是 9 点钟，依此类推。

12

把松弛的褶皱弄平

一边使劲拉着一边固定就不会留下松弛的褶皱，大功告成。

要点

用自己喜欢的布、皮革，尝试去做各种各样的凳子吧！

宽面隔断

制作时间：4 小时　预算：9000 日元　→第 22 页

原材料

A 木框（纵向）：松木（高 38× 宽 38× 长 1780）6 根
B 木框（横向）：SPF 板材（高 38× 宽 89× 长 530）9 根
C 装饰板：杉木（高 13× 宽 90× 长 605）6 根
D 木板：杉木（高 13× 宽 150× 长 1630）12 根

工具以及其他材料

木工胶、螺钉、合页 3 片、装饰合页 2 片、装饰图钉 36 个。

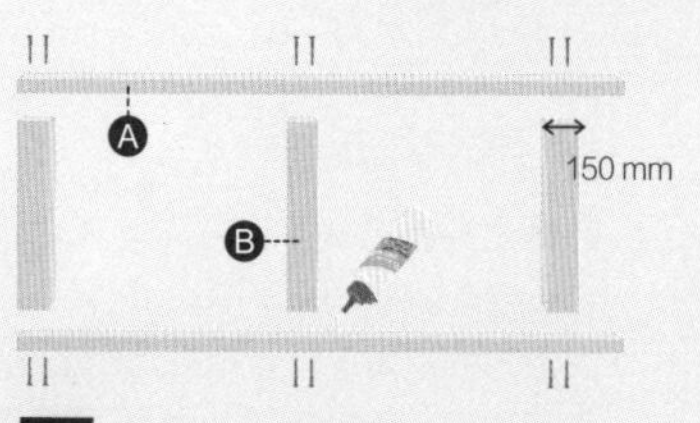

1

组装木框

用胶粘住 A、B 木框，用螺钉横向固定。如此制作 3 组。

2

粉刷

如果像这次这样，要上两种颜色，那么就要预先粉刷木框 AB 以及装饰板 C，图上使用的是纯天然脱脂涂料。

请注意，宽面隔断很重。想方便运输，可以把板 D 的 4 根木板数量削减为 3 个，这样宽幅也会变小，可以作两个面的宽面隔断。

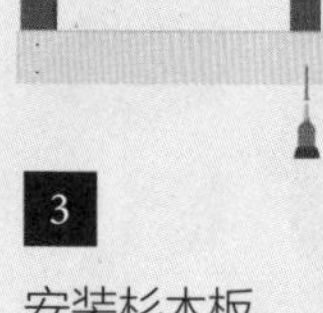

3

安装杉木板

把 2 处的框架与 D 板粘合，并用钉子固定。为了在木框中央处打上装饰图钉，所以要用一根螺钉来固定。

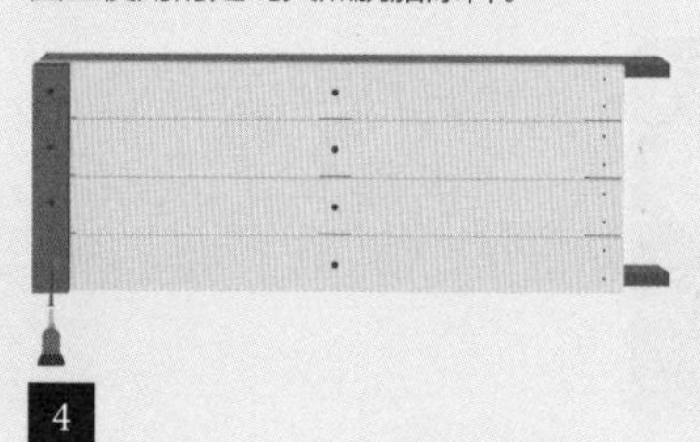

4

安装装饰板

将粉刷好的装饰板 C 固定于两端，在板 D 的宽面上依次打上螺钉来固定。

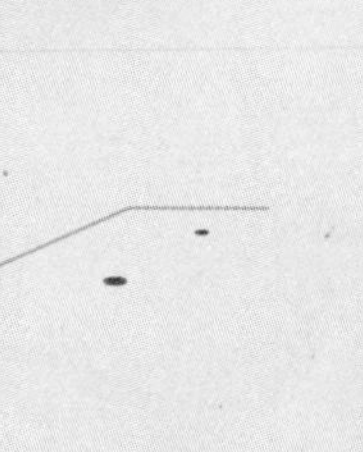

5

安装装饰图钉

在装饰板和板 D 的中央、螺钉旁边用榔头开一个孔，把螺钉的头藏在装饰图钉里敲进去。

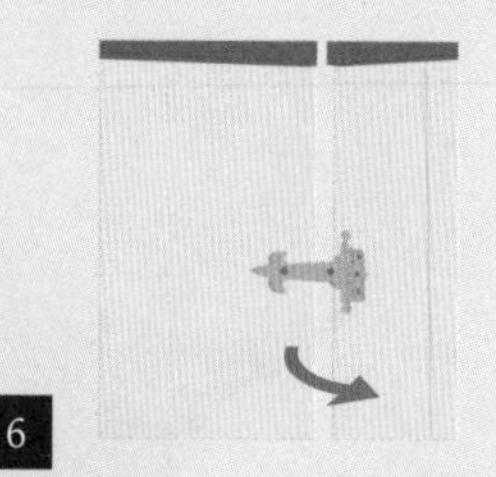

6

安装装饰合页

合页要使用“装饰合页”，留出空隙，向前凸起折叠。

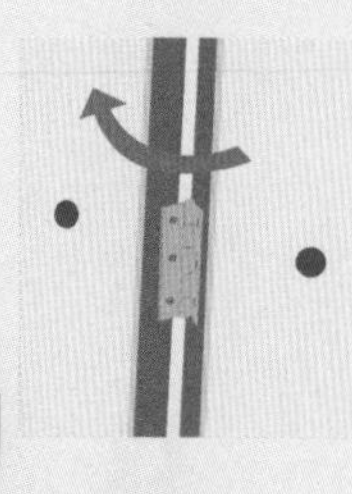

7

安装合页

另一侧的合页使用普通合页，像“山”形折叠。

三层小花架

制作时间：3 小时　预算：2500 日元　→第 26 页

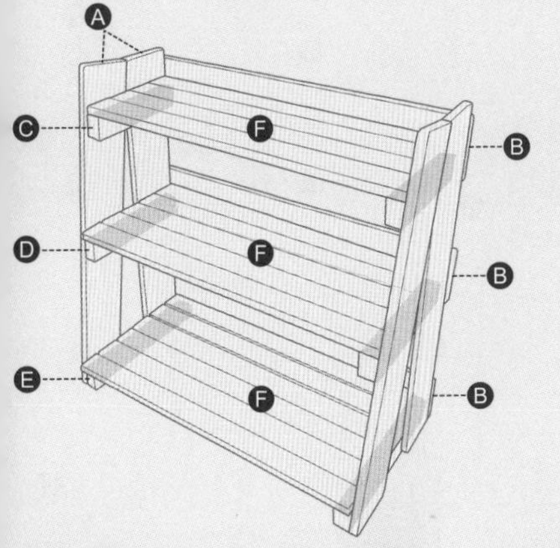

原材料：

A 侧面板：杉木（高 13× 宽 90× 长 600）4 根
B 内板：杉木（高 13× 宽 90× 长 630）3 根
C 支撑板：松木（高 28× 宽 38× 长约 180）2 根
D 支撑板：松木（高 28× 宽 38× 长约 230）2 根
E 支撑板：松木（高 28× 宽 38× 长约 280）2 根
F 架子板：鱼鳞松（高 14× 宽 40× 长 600）15 根

工具以及其他材料

强力胶、防裂螺钉、生锈铁钉。
※ 尺寸上写“约”的材料以现场实际情况为准。

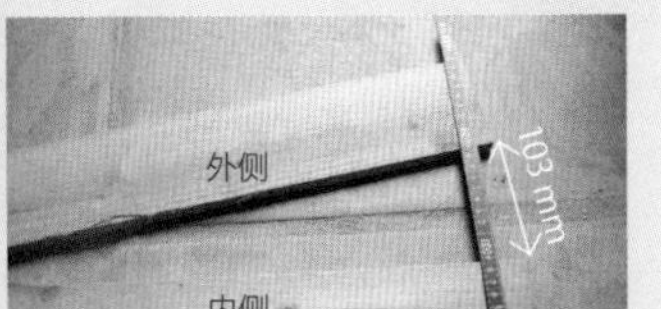

切割侧面板

放置侧面板 A 时，将其向自己跟前的方向斜着排列，并将尾部水平对齐，然后进行切割。另外一组也如此。

安装支撑板 C

用强力胶将支撑板 C 粘到侧面板 A 上，此时，要注意和里侧那块侧面板保持垂直。

安装支撑板 D、E

以同样的方式安装 D、E 支撑板，这样就完成了。如果要是用于户外，那么用强力胶可以使其更耐用。

安装内板

用强力胶把在步骤 3 中做成的两块侧面板粘在内板 B 上。如果有长的夹紧器，那么固定起来就更加方便。

安装架子板 F

用强力胶把架子板 F 粘在支撑板 E 上，用防裂螺钉固定。

安装架子板 F

用强力胶把架子板 F 粘在支撑板 D 上，用防裂螺钉固定。

用防裂螺钉固定

在完成了第二层的黏合之后，用防裂螺钉把侧面板和内板固定住，注意要保持两者的垂直。

用钉子固定架子板

在比较醒目的地方装钉子看起来比较有感觉，在完成第三层的黏合之后，用生锈铁钉固定。

粉刷之后大功告成

粉刷时，推荐使用专门粉刷缝隙处的工具，在粉刷过程中，最好使用防腐涂料。

复古风小水族箱

制作时间：3 日　预算：25 000 日元　→第 24 页

原材料

A 圆形板：贝壳杉木（高 10，直径 130）1 块
B 顶板：红雪松木（高 17.5× 宽 140× 长约 200）1 块
C 四角木材：柚木（高 10× 宽 10× 长约 140）2 根
D 背板：SPF（高 19× 宽 205× 长 550）1 块
E 支撑材料：杉木（高 17.5× 宽 100× 长约 80）4 根
F 小圆棍：桃花心木（直径 10，长约 125）1 根
G 底座：旧木料（高 21× 宽 205× 长 205）1 个
H 顶板、底板：旧木材（高 21× 宽 160× 长 230）2 块
I 侧板：杉木（高 12× 宽 120× 长 320）2 块
J 方木材（上面和下面）：松木（高 16× 宽 16× 长 170）2 根
K 背面板：杉木（高 12× 宽 194× 长 320）1 块
L 门：杉木（高 12× 宽 167× 长约 285）1 块
M 装饰线条：（高 12× 宽 12× 长约 160）4 根
N 装饰线条：（高 12× 宽 12× 长约 230）4 根

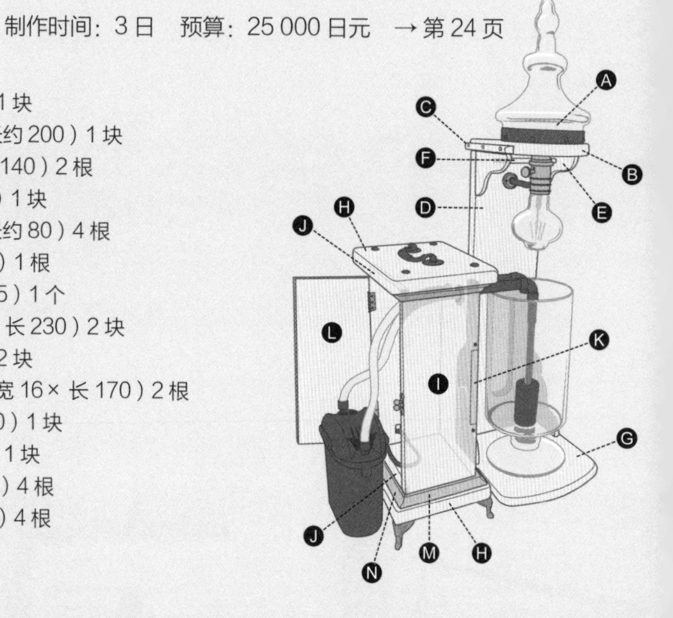

工具以及其他材料

水族箱用过滤器、Neverland Beauty 灯口、存水罐、铜管（12.70、15.88）各一根、铜弯头（19.05）2 个、垫圈（MB140A-2-13)2 个、外螺纹管接头（M154-15.88)2 个、铁片（20 mm× 约 450 mm）、燃烧器和液化器瓶、助焊剂、焊锡、日式暖炉用电线（1.5 m）、防护帽（38 mm）、木工胶以及金属胶、螺钉、无头钉、把手、锁扣、合页 4 个（30 mm×20 mm）、装饰图钉 4 个、猫足状箱子腿 4 个、橡胶垫 2 个、黄铜钢丝刷、装饰彩色玻璃用的装饰环、一字螺钉。
※ 尺寸上写“约”的材料以现场实际情况为准。

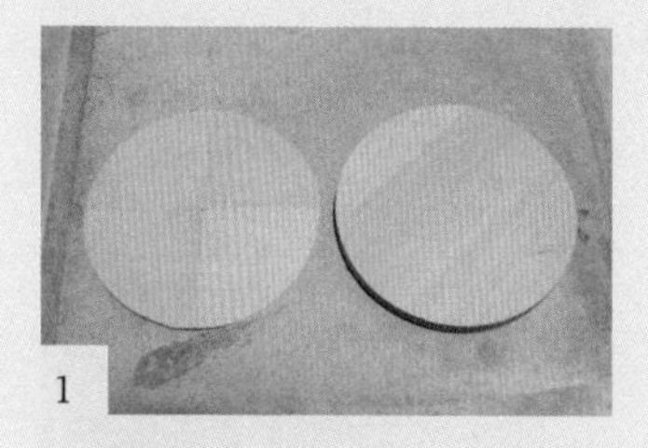

在圆形板上开孔

为了方便安装灯口，要在圆形板 A 上开一个直径 13.5 mm 的孔，并把板子按在纸上，裁出一个同样大小的圆，将纸做的圆对折两次找到圆心。

灯口的型号

灯口的中心无法用螺钉固定，所以在安装别的东西时，一定要注意孔的大小，这样才能拧紧。

卷上薄铁片

安装薄铁片时，注意不要把存水罐的盖子拧下来。在下面相等间隔处打孔，用螺钉固定。

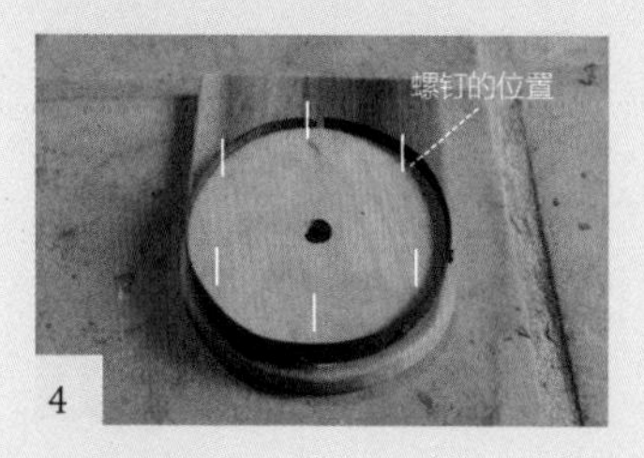

固定顶板

用线锯在顶板 B 上切一个比图 3 大一点的圆，用胶把圆形板 A 粘在顶板 B 上，并用螺钉固定。然后用 13.5 mm 的钻头在中心打一个孔。

切割背板

按图示切割背板 D。要用到圆锯和线锯。

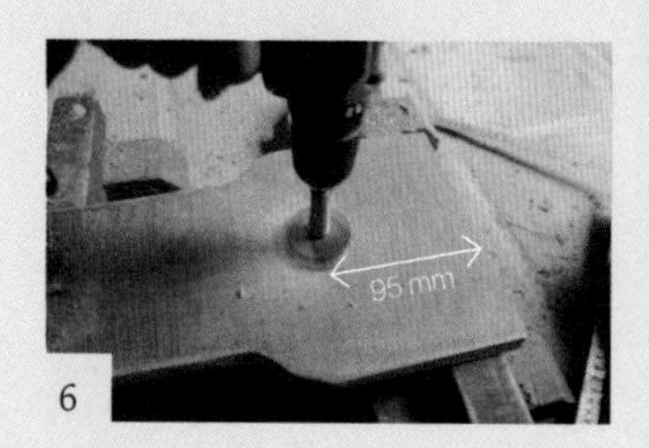

开孔

在背板 D 的左右两侧中心处开一个直径为 50 mm 的孔。此孔是因为考虑到养观赏植物的采光问题。具体可以视自身喜好而定。

比较难买的零件推荐在网店购买。

安装电线必须要有相关许可，请向专业人士咨询。

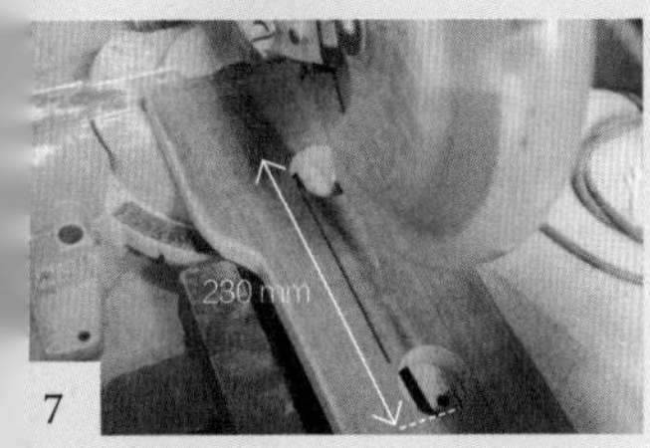

7

用圆锯切割

在背板 D 上开两个直径为 50 mm 的孔，用圆锯切割孔和孔之间的部分，这项工作光凭圆锯并不能完成，剩下的部分要用锯条来切。

8

切割底座

沿曲线切割底座 G 的角，把卷尺折弯拉一条线就能很好地描出曲线。

9

在底座上刻上存水罐的轮廓

为了确保存水罐平稳安装，要在底座 G 处挖一个凹槽，而刻上轮廓则是准备工作。先把存水罐放在上面，用铅笔描出一个圆，再用裁纸刀刻进去。

10

浅浅地雕刻台座

用雕刻机进行雕刻，注意不要从裁纸刀刻好的缝里露出来。深度为 4~5 mm。

11

切割支撑木料

用线锯或者钢丝锯将支撑木料 E 切割成图示形状。

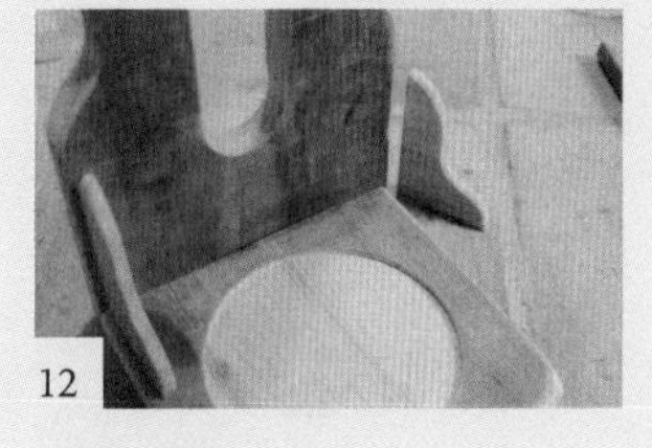

12

安装支撑木料

用胶把背板 D 粘在台座 G 上，用螺钉固定。粘贴支撑材料 E，从里面用防裂螺钉固定。

13

安装小圆棍

在背板 D 的上部也要安装支撑木料 E。为了更加结实，要用一字螺钉把小圆棍 F 固定在上面，开孔以及插入小圆棍的时候，注意别弄裂木料。

14

安装电线

拆开灯口，安装电线。日式暖炉用的电线本来是红色的，若将其染成茶色，则会显得稳重大方。

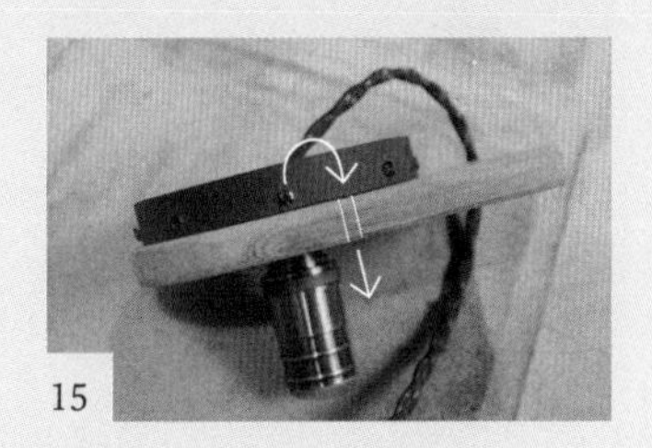

15

配线

用电线穿过在步骤 2 中开的孔，并且在灯口上缠过去，在圆形板 A 以及顶板 B 上打孔，再将电线穿过去。

16

安装防护帽

然后在背板 D 处开一个孔，把电路穿到后面去，如果再安装一个电灯用的防护帽就更有感觉了（按照个人喜好而定）。

17

安装方木材 C

用胶和一字螺钉把方木材 C 安装在顶板 B 的两侧。

18

安装顶板

用合页把顶板 B 安装在背板 D 上，因为担心灯泡会妨碍维修，故而把顶板设计成闭合式的。

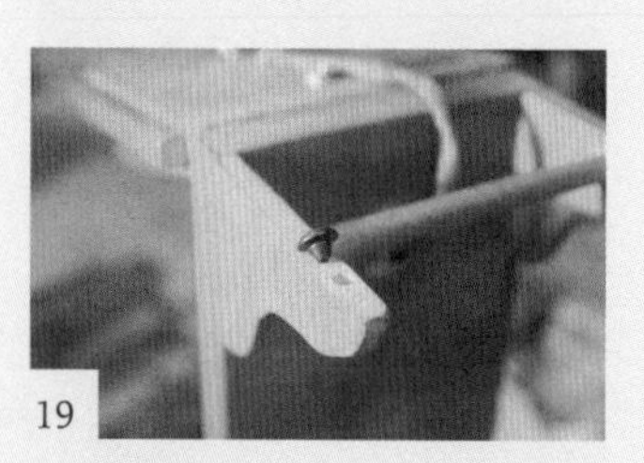
19

安装橡胶垫

如果合页太厚，把盖子一盖就无法保持平衡了，所以最好装上橡胶垫。在 E 的上边开一个孔，用细钉子增强固定，这样就安稳了。

20

安装插座

给插座装上电线，并且安装插座。为了突出复古的感觉，可以选用和复古式设计搭配的插座。

21

涂上助焊剂

把铜管切成约 120 mm 左右，用钢丝刷把要焊接的地方刷平，然后给连接处涂上助焊剂。

22

焊接 1

连接铜管、铜弯头和外螺纹管接头，先加热 10~15 秒。

23

焊接 2

然后把助焊剂放进连接口，绕间隙处一圈。

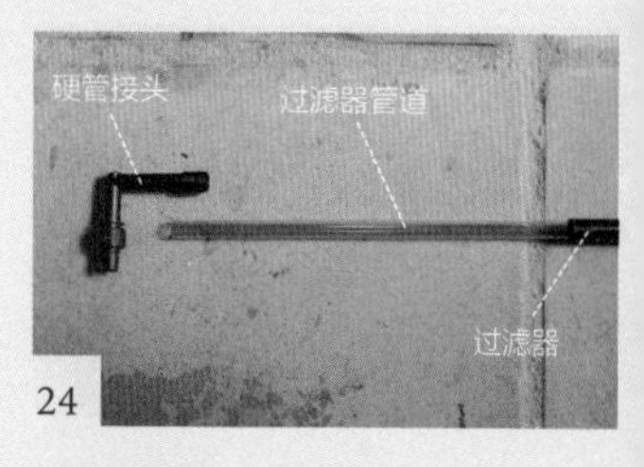

24

切割管道

立起存水器，决定好与水槽相连接的过滤器管道的长度，然后用钢丝锯进行切割。长度大约为 170 mm。

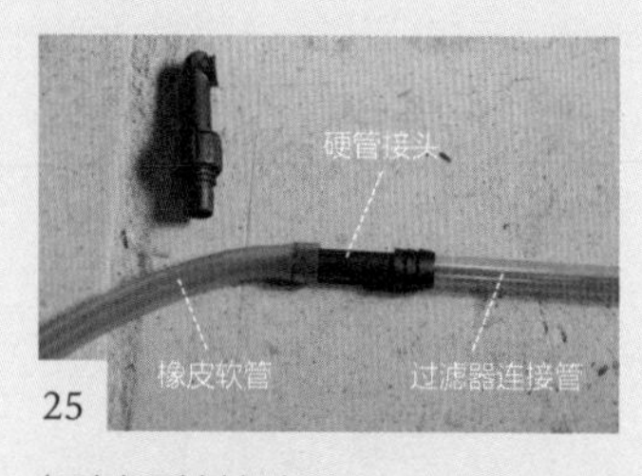

25

切割硬管接头

用钢丝锯切割附带的硬管接头，并安装附带的透明软管和过滤器连接管。然后连接在步骤22~23中做的铜管。

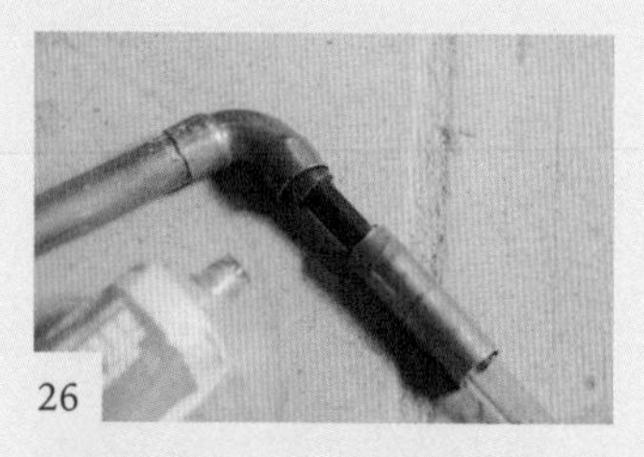
26

连接铜管

为隐藏硬管接头提前准备 15.88 的铜管（长约 50 mm），用金属胶把它们粘起来。

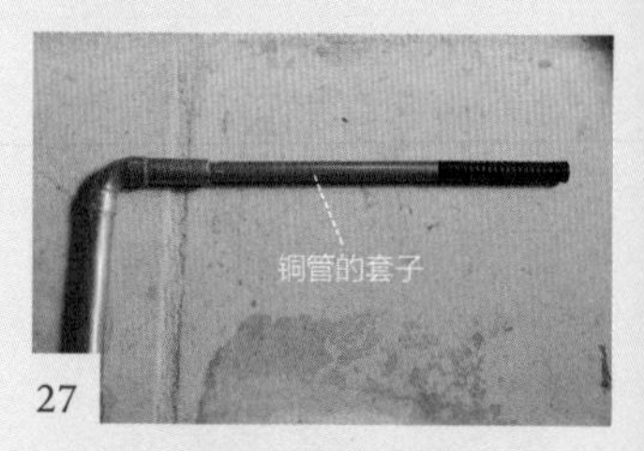

27

把管道藏起来

用 12.70 的铜管（长约 147 mm）把管道覆盖住，这样管道就不会被弄脏。铜的杀菌效果也可能会对环境中的细菌造成影响。

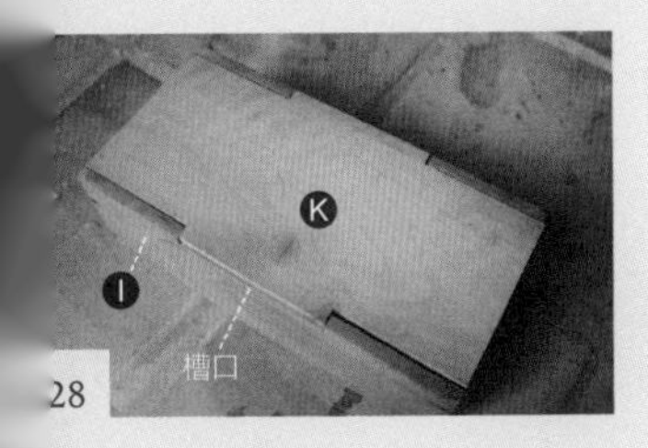

28

做一个小盒子

提前准备侧板 I 和侧板 K，用胶水将其固定，按图示样子制作一个箱子。开了槽口再组装可以增加强度。

29

装箱子腿

把猫足状的箱子腿固定在基座 H 的里侧一面。我个人推荐做这道工序，因为这会让整体看起来更加高级。

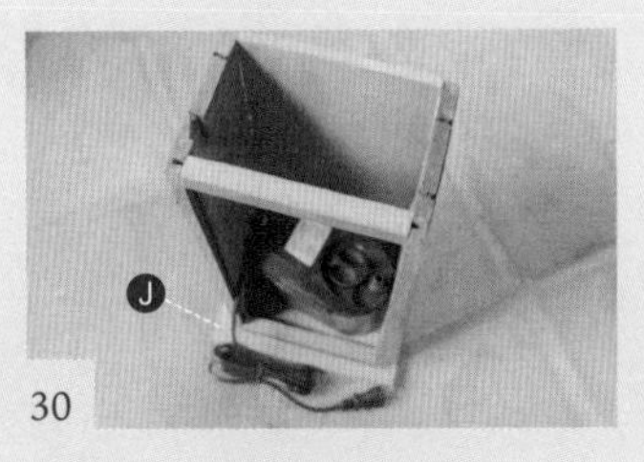

30

组装

用胶把 G 粘在步骤 28 中的盒子里，从里面用螺钉固定。同样，纵向连接方木材 J，从两面用螺钉固定。

31

在背板上打孔

在背板 K 上打一个孔，以便安装外螺纹管接头。直径大概在 20 mm 左右。装上铜管，从内侧固定。

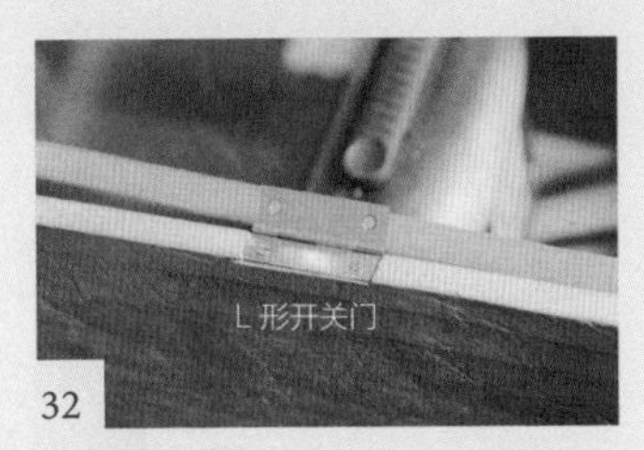

32

安装合页

准备门 L，在上面装上合页，用凿子在门上开一个槽，大约比合页高 1~2 mm。然后安装带门环的把手。

33

安装装饰环

把装饰环安装到顶板 B 上。把链子绕在盖子上固定装饰环以防下落。

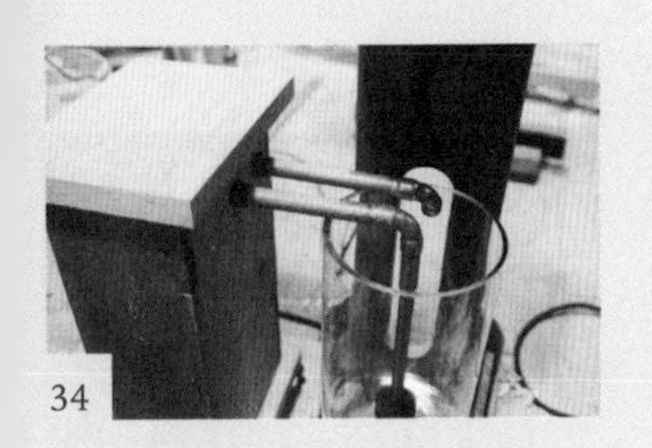
34

安装顶板 H

把顶板 H 放在盒子上盖起来，用螺钉固定 4 个地方。

35

安装 H 底板

跟步骤 34 一样，把底板 H 放到盒子上，用螺钉固定 4 个地方。

36

钉上装饰图钉

为了隐藏在顶板 H 上钉的 4 处螺钉，钉上装饰图钉。

37

开一个安装插座的孔

在侧板 I 上打一个水槽插座的孔。用钻头钻两个孔，再用凿子凿落碎屑。

38

安装海绵

安装附带的过滤器外部用海绵，并且装上存水罐。为了和底部的凹处相符合，所以要把它固定在中央的位置。若是在 H 处装上一个把手则会显得更加时尚。

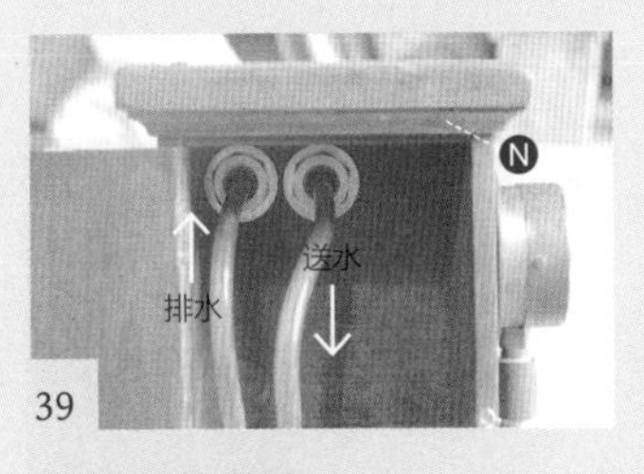

39

安装装饰线条

把装饰线条 MN 按现场实际切割，并用木工专用黏合剂粘贴。用无头钉固定之后就大功告成。装上复古式的仪表更突显复古风。

用红酒盒改装的储物架

制作时间：2 小时　预算：3000 日元　→第 28 页

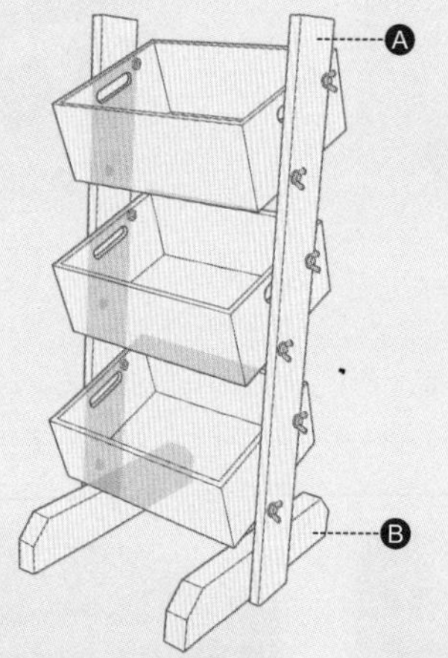

原材料

A 侧板：SPF（高 19× 宽 89× 长 890）2 块
B 架腿：SPF（高 38× 宽 89× 长 450）2 个

工具以及其他材料

木工胶、螺钉、红酒盒（高 130× 宽 360× 深 260）3 个、六角头螺栓（M10 螺钉主体部分 40 mm）12 个、螺母（M10)12 个、垫圈 12 个。

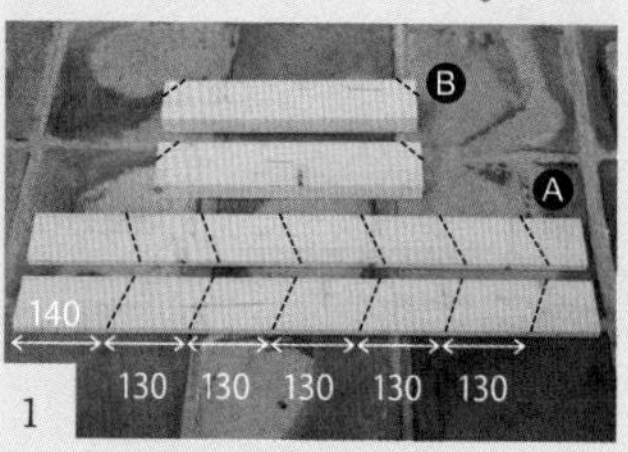

1

做标记

在架腿 B 上做好标记以便切割。在侧板A要装红酒盒的位置上也做好标记。

2

架腿的切割

沿斜线切割架腿 B。

3

用螺钉把架腿固定住

用胶水把侧板 A 固定在架腿 B 的中央处，并用防裂螺钉固定。

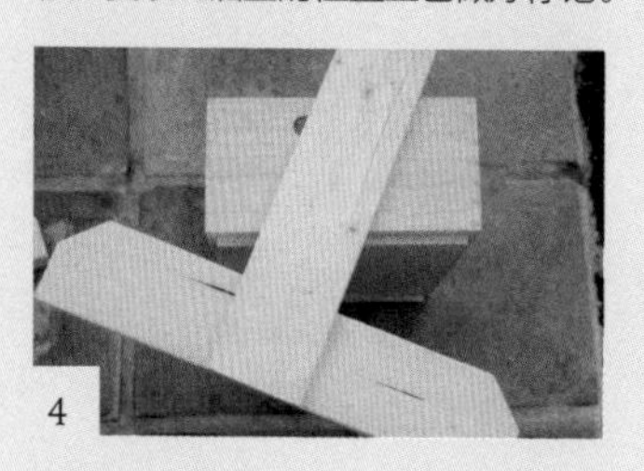

4

拆开红酒盒

沿着标记好的线拆解红酒盒，用夹紧器固定住。

5

用钻头在下面开一个孔

打穿两个孔，好放垫圈（直径为 12 mm）。注意打孔的地方不要和装把手的地方重合。

6

孔的位置

图为在侧板A上开好6个孔的状态。反面也一样。

7

插入六角头螺栓

从红酒盒的内侧把六角头螺栓拧出来。

8

用螺母固定

装上垫圈，拧紧螺母固定。

9

组装与分解

以同样方法安装其他红酒盒，用螺栓和螺母固定住即大功告成。不用的时候可以拆下来。

column 01 丸林家的得意藏品

那些古旧的小东西，实际上是派不上多大用场的，但是即使只是梦到它们，我也会特别开心。我和佐和子收集了很多东西，有手表里的合金齿轮，还有打字机和手风琴等。这些东西都不是数码产品，有一些东西的制作方法非常简单。（聪）

这是TOMBO牌的手风琴，虽然有几个键不响了，但是整体来讲，音色十分独特，我非常喜欢。

日本制的电话。

俄罗斯制的电话。

这是以前的冷藏柜。现在里面放的是36 cm的小电视和DVD。因为电视上连着天线，所以打开门就能看。

图为手工制作的香灯，十足的复古情调，并且灯泡受热就会散发出香味。

壁龛是存放复古风小物件的最佳场所。上面要是挂一点常春藤就更有复古的感觉了。

从公司前辈那里拿来的现金出纳机。

这是煤气熨斗，陶瓷做的，所以很重。

这个打字机，只要家里一来客人，肯定会被它吸引。

这是一个铁制现金出纳机，为了能长久使用所以做得很结实。

这是一台电话机，墙上挂着的灯除了能给画提供照明之外，还能给杂物提高亮度。

Chapter.2 Kitchen

第二章　厨房

市面上很多价格便宜的普通厨具。
但是，要找到用起来顺手、款式好又符合自己品位的厨具，则十分困难。
如果找到合适的家具，那种喜悦是无可替代的。
可我怎么也找不到和自己家空间匹配的成品厨具。
我想要那种用着顺手，而且放在收纳柜中便于整理的家具。
DIY 的厨具可以贴上瓷砖，加上装饰，
按自己的想法随意布置。

贴上方形小瓷砖的调料架

→第 58 页

我和佐和子把自己的座位设定在一回家就能看到的吧台一侧，我们都是在这里工作的。

做吧台架子的旧木材，是佐和子老家的脚手架上的木材，我们把它拆下来了。柱子是仓库拆了之后废弃的木头。沿着柱子横切面的大小，用线锯在天花板上切一个一样大小的圆是一件十分困难的事。在吧台内还装有抽屉。

复古风玻璃瓶灯
→ 第 30 页

开放式架子
→ 第 62 页

桌上看书架
→ 第 59 页

我非常喜欢早晨阳光从厨房的窗户透出来的样子。我装修的时候，第一步就是给厨房的墙壁上贴砖，所以对厨房有一种特殊的感情，我在这里花的时间可能是最长的。地板、水槽、架子，还有吧台，全是自己做的。（佐）

（上）手工制作的洗碗架，架子部分用的是防水的柚木。制作的时候多用曲线，给人优雅的印象。上层架子是用来放调料的。（右）放杯的架子经过许可之后，仿照栃木县鹿沼市一个叫“安立罗”的咖啡店里的样式做的。门的部分使用了 45 度切割的板子，给人一种十分高级的感觉。

（上）窗户旁边，木制的餐具类，以及银制品，都各自放在方便拿到的地方。

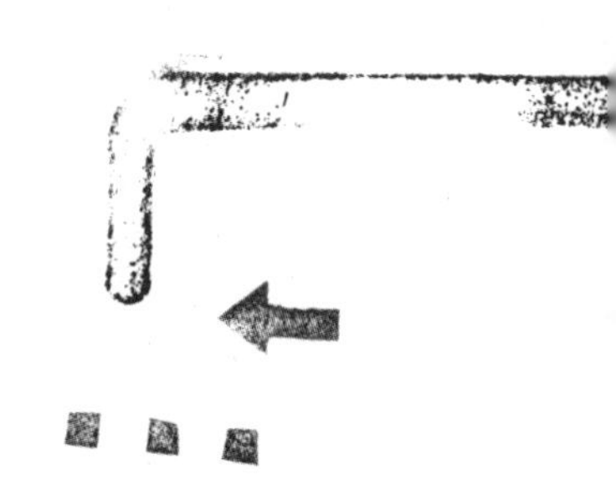

Spice Rack

我本来想找一个显得成熟一点的调味架，但是怎么也找不到中意的样式，最后决定自己做一个。贴上瓷砖，抽屉的木料也用旧木料。里面换上有复古风的瓶瓶罐罐，让厨房的整体氛围保持统一。我每天都待在自己下功夫做好的厨房里面。

贴上方形小瓷砖的调料架

→第 58 页

乍一看，可能会以为是装饰用的书架，但一直以来，当你一边看着书一边做某件事的时候，是否想要一个能使书保持打开状态的书架？简单来说，这是一个既美观又小巧的书架。配合你想摆放的书，试着去做很多不同尺寸的书架吧。（佐）

古色古香的餐桌在长期使用的过程中，桌面上会增加伤痕和污渍，这使得桌子更有韵味了。不同于新桌子，复古材质的桌子就不必过于在意细节。用锉刀磨一磨，用颜料涂色等方法进行日常保养，都是复古风桌子爱好者的乐趣所在。

桌上看书架

→ 第 59 页

Book Stand

石川先生用喜欢的器具泡咖啡，佐和子小姐在此休息的场景，是一道风景线。

用柔和的旧木材和皮革做成的托盘

→ 第 60 页

我一直在寻找一个朴素、有温暖感觉的木质托盘，却没找到符合心意的。自从开始做木工以来，“没办法了，要自己做。”这个想法慢慢变得强烈。最近，“价格便宜就好了”的想法很多，但是一抱着 “算了就这样吧”的想法，用不了多久就会因为厌倦、损坏而后悔购买。皮革材质的把手，从耐久性来考虑的话并不是合适的素材，但从木工的眼光来看，它和复古材料并用，显得很廉价。就算全部用柚木做的话也会有人觉得不怎么样。但因为是自己做的所以很容易就能修理。这简直是理想的产品啊。（聪）

开放式架子

→第 62 页

我觉得“墙面真是毫无情趣啊”，就试着做了一个架子，用很多东西来装饰，于是就诞生了一个很棒的空间。我家里的古玩、餐具和观赏性植物逐渐增加，但因为装饰架没有了，所以我靠着墙面做了一个架子。为了防止架子上的东西掉出来我又安装了一个关门的装置。盖子的中间，收纳不想给别人看的东西。虽说如此，墙面收纳如果做得过头了就会给人压迫感，所以适度原则是制作的关键。（聪）

Kitchen Wall Shelf

厨房的墙壁上，有很多过去使用的工具。只是喜欢它们的设计，至于用途、出产国、年代之类的完全不考虑。有一个工具，我以为是大剪刀，于是就买回家了，后来才发现是一个剪羊毛的工具，这样的情况时有发生。这些并不是什么价值高昂的东西，我只是很喜欢过去的人使用过的朴素的工具。

有广泛用途的旧木材制的梯凳

→第 64 页

Step Stool

装饰绿植时可以作为增加高度的脚凳，工作时也可以作为小板凳。根据工作的不同可以有很多的使用方法。（聪）

从厨房的后门出来，盛放在田地里采摘的蔬菜。

（左）过去，理发店带有杀菌灯的消毒器，现在作为餐具柜使用。（上）煤气炉，和过去一样的珐琅风十分讨人喜欢。法国制造。

贴上方形小瓷砖的调料架

制作时间：4 小时　预算：3500 日元　→第 52 页

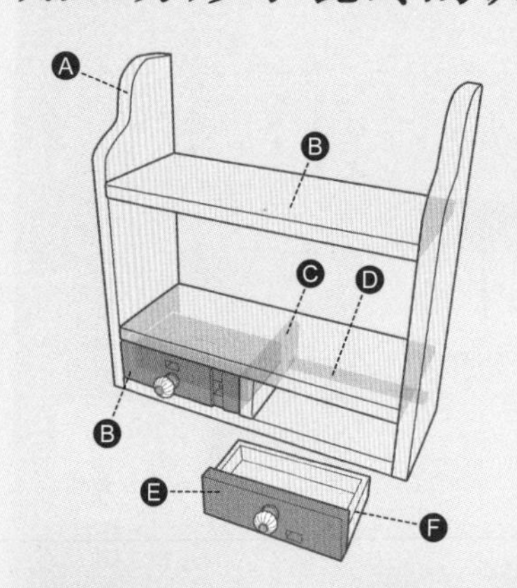

原材料

A 侧面板：SPF（高 19× 宽 140× 长 400）2 块
B 搁板：SPF（高 19× 宽 140× 长 370）3 块
C 隔断板：SPF（高 19× 宽 140× 长 54）1 块
D 隔板：SPF（高 16× 宽 16× 长 170）2 块
E 装饰板：旧材料（高 16× 宽 52× 长约 172）2 块
F 百元店购买的木箱（高 43× 宽 171× 深 91）2 个

工具以及其他材料

木工胶、螺钉、防裂螺钉、把手、白瓷砖（15×15）90 个、茶色透明小号瓷砖（10×10）、瓷砖胶、瓷砖用填缝剂、海绵。
※ 尺寸上写着“约”的地方根据实物来估算。

1

切割侧面板

侧面板如上图所示，用钢丝锯切割成波浪状。

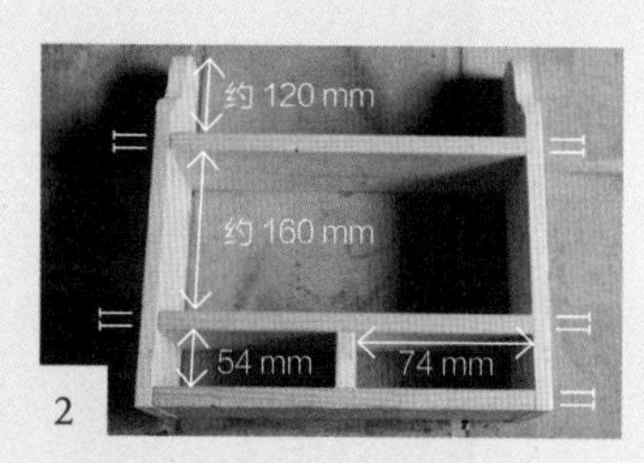

2

组装

把 A 侧面板、B 搁板、C 隔断板用胶粘在一起，并用防裂螺钉固定住。把 F 木箱摆在架子板上。

3

安装装饰板

把 E 装饰板安在 F 木箱的底面用胶粘上。装入组装好的抽屉里，确认一下 E 装饰板会不会碍事。

4

打洞

在抽屉的中间打一个钉把手螺钉用的洞。

5

组装把手

组装抽屉的把手。

6

上色

用乳白色油漆涂抹上色。干了以后用打磨机再削一削边角处，复古风的韵味就出来了。

7

贴瓷砖

把喜欢的瓷砖排列好，确认好宽度和厚度，用贴瓷砖专用胶粘上。

8

放入填缝剂

用刮刀把填缝剂放入瓷砖的缝隙中。等到半干的状态，用海绵轻轻擦拭表面，使之变得干净整洁。

9

装入隔板

抽屉保持放进去的状态，从背面装上 D 隔板。

桌上看书架

制作时间：3 小时　预算：2500 日元　→第 53 页

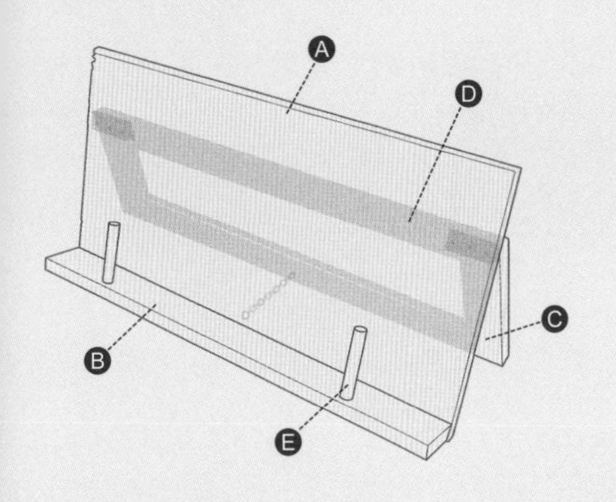

原材料：

A 后挡板：旧杉木（厚 8× 宽 220× 长 435）1 块
B 底托：赤松（厚 15× 宽 45× 长 435）1 块
C 支撑架：赤松（厚 15× 宽 45× 长 155）2 块
D 支撑架：赤松（厚 15× 宽 45× 长 340）2 块
E 圆棒（直径 10× 长 65）2 根

工具以及其他材料

木工胶、防裂螺钉、合页 2 个（长约 80）、木销子、吊环螺钉（两个）。

※ 尺寸前面带有“约”的地方要根据实物而决定尺寸。

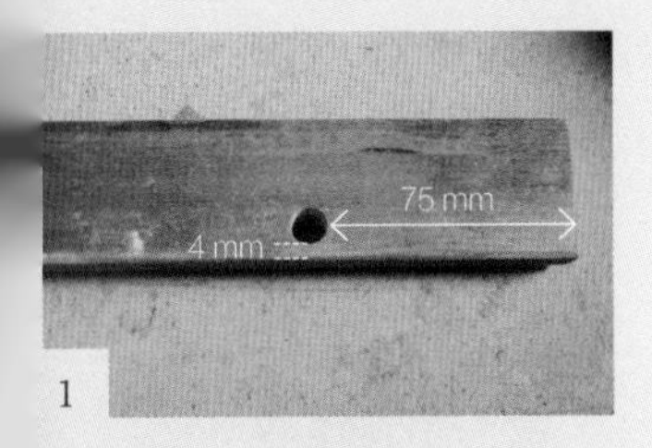

1

在底托上打孔

在 B 底托左右两侧打两个直径为 10 mm，深 6 mm 的小洞，使圆棒 E 可以插进去（上下贯穿了也无妨）。

2

将圆棒插入孔内

在孔内侧附着上胶，将圆棒 E 嵌入。

3

用胶将支架连接

将支撑架 C、D 用胶像画框一样黏合。

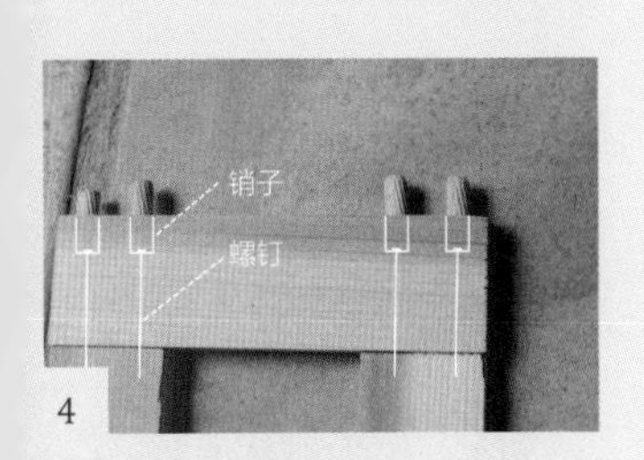

4

用螺钉固定

在步骤 3 制作的支撑架的侧面打出隐藏木销子用的孔，用螺钉加固。将销子接上，等干了以后用锯将木销子的多余部分削掉。

5

安装后挡板

将步骤 2 中制作的底托用胶粘在后挡板 A 的下部，待干了以后，用螺钉在里面 5 个地方固定。

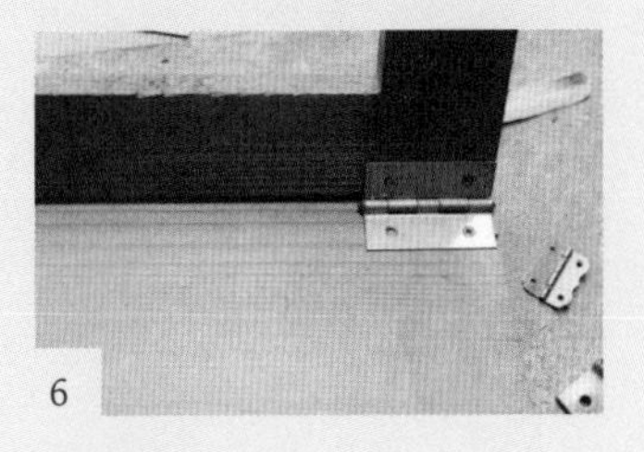

6

安装合页

在合上支撑架的时候，将 A 后挡板调整至和下部相一致，然后安装合页。在 4 个支撑架和 A 后挡板的中下部固定吊环螺钉，并安装锁链。

要点

做饭时，将烹饪书竖立在上面，将想看的那一页固定。不用的时候，将支架收起即可。还可以用明信片装饰一下。

用柔和的旧木材和皮革做成的托盘

制作时间：5 小时　预算：3000 日元　→第 54 页

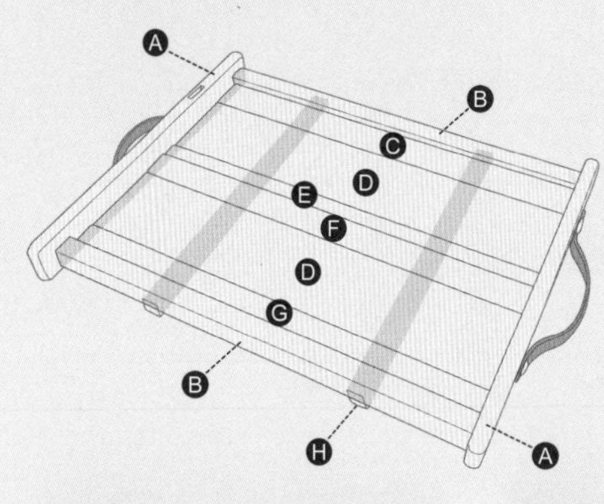

原材料

A 主体框（侧面）：旧木料（高 15× 宽 45× 长 380）2 根
B 主体框（前面和后面）：旧木材（高 19× 宽 30× 长 450）2
C 平板：松木（高 12× 宽 43× 长 450）1 块
D 平板：杉木（高 13× 宽 90× 长 450）2 块
E 平板：旧木料（高 13× 宽 17× 长 450）1 块
F 平板：赤松（高 15× 宽 38× 长 450）1 块
G 平板：赤松（高 15× 宽 30× 长 450）1 块
H 加固材料：红蕨木（高 10× 宽 20× 长 400）2 根

工具以及其他材料

强力胶、防裂螺钉、皮带（厚 3× 宽 15× 长 230）、装饰图钉（4
蜂蜡。
※ 尺寸前面带有“约”的地方要视实物而定。

黏结 C~G 平板

将 C~G 平板侧面涂抹强力胶，粘起来。

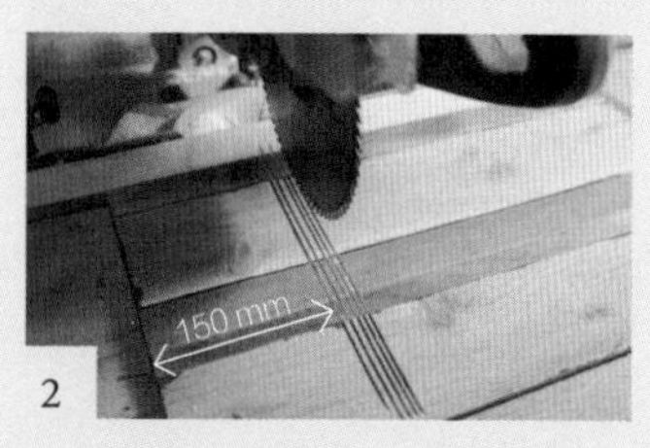

在 C~G 平板上切出沟槽

用滑动圆盘锯在 1 的表面从距离两端 150 mm 的两处地方切出沟槽。再切出嵌入增强材料样式的沟槽（宽 20，深 6）

用凿子修整

用凿子修整剩余的部分，如果有剪切器或者木板加工器，使用起来效果会更好。

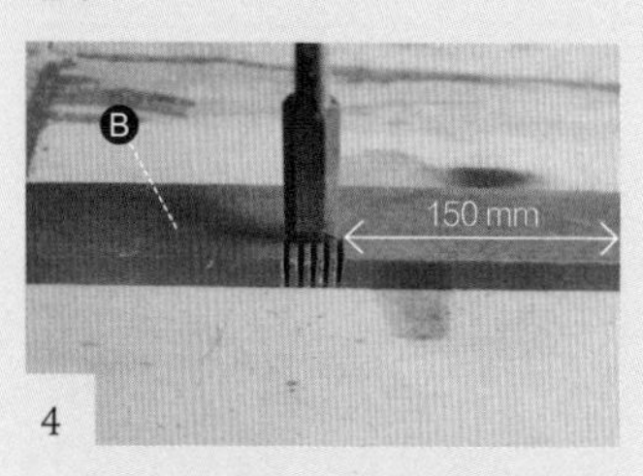

在 B 主体框上切出楔形

为了将 H 加固材料嵌入 B 主体框，在 B 主体框距离两端 150 mm 的两处地方切出楔形。宽 20 mm，深 8 mm。

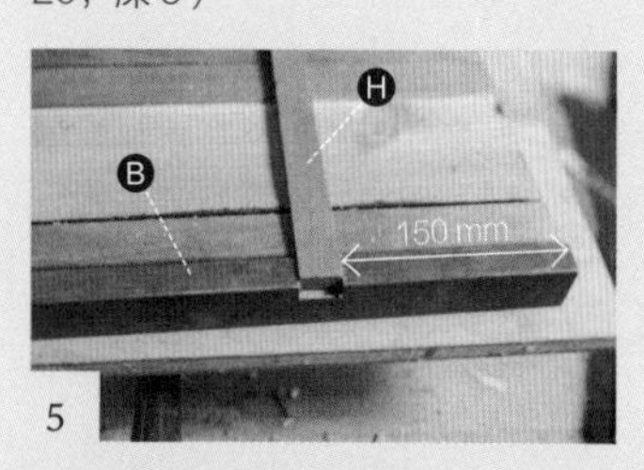

确认 H 加固材料能否嵌入

确认 H 加固材料和 B 主体框完好地嵌入平板上。

将 H 加固材料固定在平板上

用强力胶和螺钉将 H 加固材料固定在平板 C~G 上。为了不让螺钉穿透平板，用防裂螺钉会更好。

连接 B 主体框

用强力胶将 B 主体框接到已经制作好的 6 块平板上。为了不产生空隙，要用夹紧器来强力黏合。

用螺钉将 B 主体框固定

一次将 B 到 C 平板、B 到 G 平板的侧面用螺钉固定。防裂螺钉在不产生倾斜的前提下也要注意水平方向。

切掉多余的 H 加固材料

用锯子将露出的 H 加固材料切除。这样看起来就会很干净利落。

在做之前要预先装饰一下表面，设计不同颜色的木料是非常有趣的。

各种类型的碎木材组合起来，像木块拼花一样让人赏心悦目。用这个秘诀也可以制作椅子和桌子。虽然有效利用了碎木材，但是因为需要找合适尺寸的木材，比起成品要花费更多的时间。

10

将 A 主体框固定

和 B 主体框一样，用强力胶和螺钉将 A 主体框在平板上固定。

11

固定皮带

用螺钉将皮带固定在 A 主体框上。为了结实耐用，需固定两处。

12

用装饰图钉装饰

用装饰图钉隐藏螺钉。

13

放松绳子然后固定

像用手握住一样适当放松绳子，用同样的步骤固定另一侧。

14

打磨

用打磨器等将整体锉一下，将木材表面打磨至触感很舒服的程度。

15

涂蜡

用布将整体擦拭干净，完成之后再涂饰少量蜂蜡，便可使用。

开放式架子

制作时间：8 小时　预算：6000 日元　→第 55 页

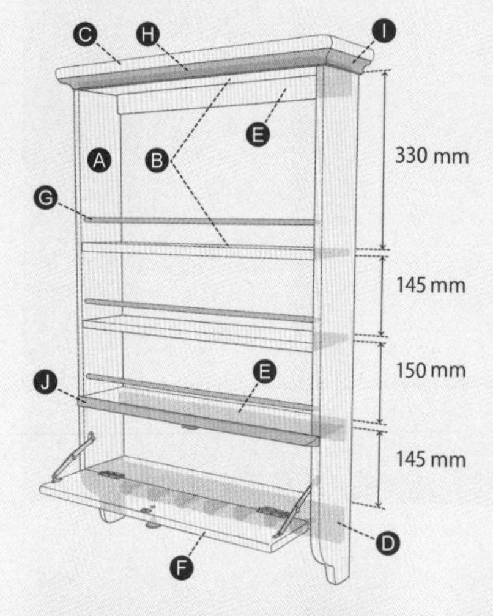

原材料

A 侧板：SPF（高 19× 宽 140× 长 1000）2 块
B 搁板：SPF（高 19× 宽 140× 长 600）5 块
C 搁板：樱木或杉野地板（高 22× 宽 175× 长 705）1 块
D 加固材料：SPF（高 19× 宽 64× 长 600）1 块
E 加固材料：赤松（高 15× 宽 38× 长 600）2 块
F 门扇：红蕨木（高 17× 宽 140× 长 598）1 块
G 圆棒：印尼白木（直径 12，长约 620）3 根
H 装饰线条：（高 23× 宽 23× 长约 700）1 块
I 装饰线条：（高 23× 宽 23× 长约 200）2 块
J 装饰线条：（高 20× 宽 17× 长 700）1 块

工具以及其他材料

木工胶、螺钉、防裂螺钉、暗钉、木销子、木把手（7 个）、砝闩、合页（2 个）、金属开关件、提纽、墙壁探测仪。

寻找间柱

用墙壁探测仪在将要设置架子的墙壁上确认间柱的位置。寻找可以用螺钉固定的左右两个位置。用铅笔做好标记。

将 E 加固材料做临时标记

将 E 加固材料在墙上做临时标记，以步骤 1 中的标记为标准，用螺钉将其暂时固定在上面。

处理侧板

用线锯将 A 侧板下部切成照片中的样子。用打磨器将切面磨圆，给人以柔和的印象。

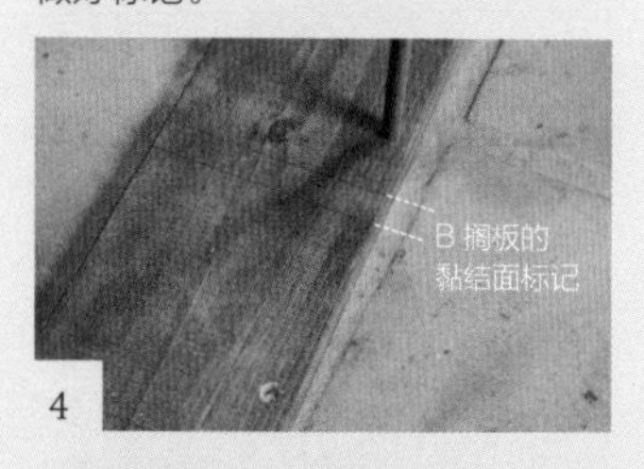

打出圆棒所需要的孔

使用电钻在 A 侧板打孔，使得圆棒 G 可以进入。孔深大约 10 mm，根据实物切割圆棒，在 B 搁板的黏结面上做好标记将会很便利。

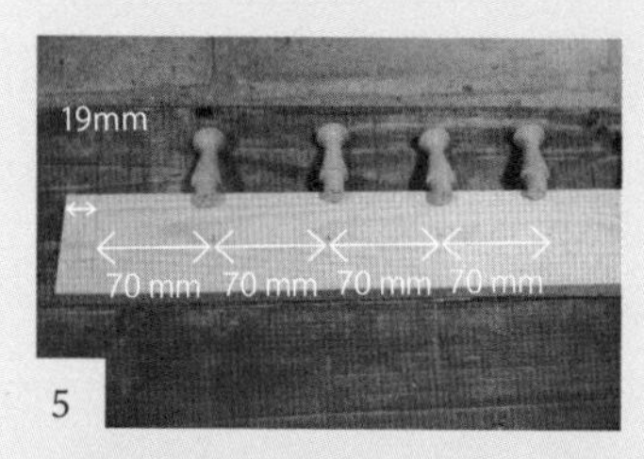

安装木把手

用电钻在 D 加固材料上打孔，用胶将木把手黏结上去（把手的样式可以自己决定）。

组装

用胶将 A、B、D、E、G 分别接上去，用加紧器固定。如果这些材料呈现两种颜色的话，涂成一种颜色比较好，等干了之后将 B 的第 2、3、4 层用螺钉固定在 A 上面。

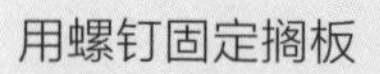

用螺钉固定搁板

搁板的第 1 层和第 5 层，为了增强强度，一般不使用防裂螺钉，取而代之的是普通螺钉。

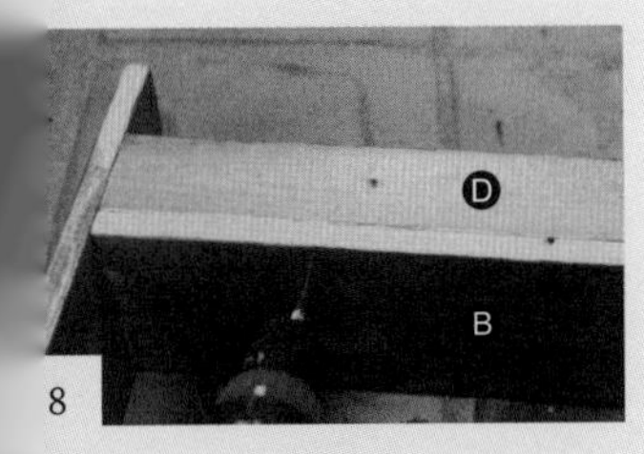

固定 D 加固材料

步骤 6 中的材料干了以后用防裂螺钉将 B 和 D 固定。侧面也用同样的方法固定。

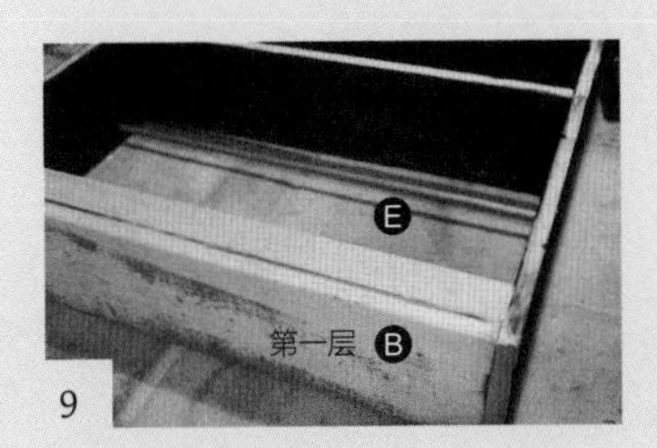

固定 E 加固材料

用和步骤 8 同样的方法，将 B 的第 1 层和第 4 层用防裂螺钉固定在 E 上面。侧面也用同样的方法固定。

把棱角磨圆

将 C 搁板准备出来，将面前的两个角以 45 度角斜切。用刨子或打磨器将角磨圆。

固定隔板

用胶将 C 搁板黏结在步骤 6 已经做好的主题架子上，等干了以后用螺钉从里面固定。

安装装饰线 1

根据实物将 H、I 装饰线条的两端以 45 度角切割，用胶黏结。等干了以后用暗钉加固。

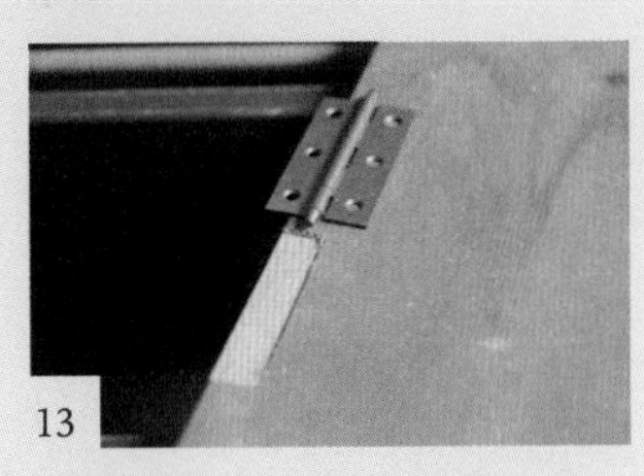

安装合页 1

在 F 门扇的里面安装合页。用凿子切出合页页片那么厚或者其 1.5 倍的程度。

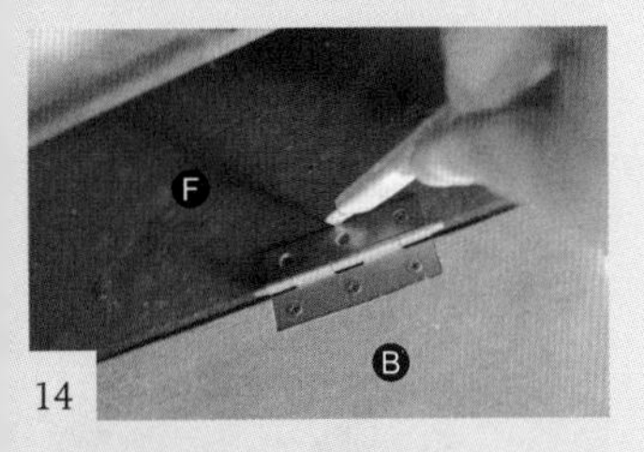

安装合页 2

在主体下面的 B 搁板侧面用同样的方法凿切，先用螺钉固定在一个地方，然后轻轻地开合一下，没问题的话将剩下的一端固定。

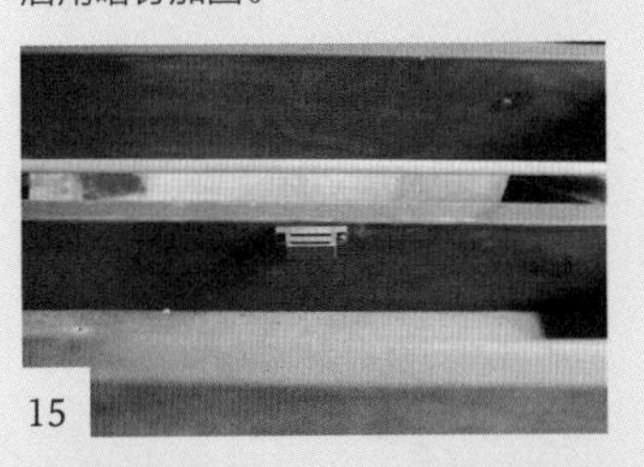

安装磁铁门闩

在主体下部的 B 搁板的侧面用螺钉固定磁铁门闩，在 F 门扇里固定铁板。在下面安装一个旧提纽。

安装金属开关件 1

门扇是为了当作隔板来使用，像上述一样在左右两侧安装闭合开关件的话，使用起来会很方便。在购买的时候要注意是左边还是右边。

安装金属开关件 2

使用了搁板，门扇的厚度也清晰可见。

安装装饰线条 2

根据实物将 J 装饰线条的两端以 45 度角切割并用胶黏结上去。这样既达到了设计美观，又可以防尘。

要点

安装门扇，可以使收纳的茶碗不沾染尘埃；最上面那一层也可以用来藏书，如果试着考虑一下哪一层放什么东西的话，也能享受到制作家具的乐趣。

有广泛用途的旧木材制的梯凳

制作时间：2.5 小时　预算：2000 日元
→第 56 页

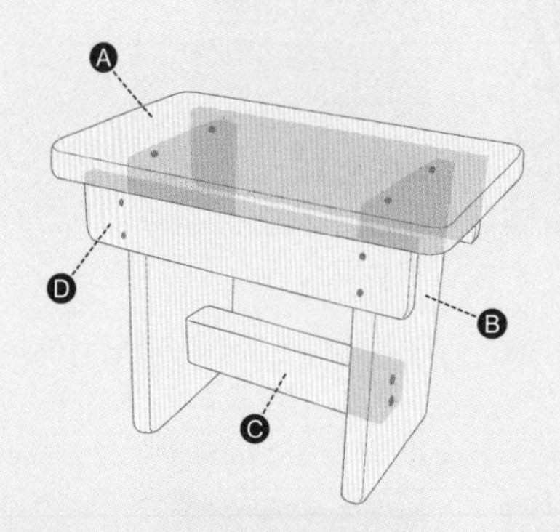

原材料

A 踏板：旧木料（高 20× 宽 190× 长 300）1 块
B 凳腿（前面和后面）：旧木材（高 20× 宽 135× 长 210）2 块
C 加固材料：松木（高 28× 宽 45× 长 170）1 块
D 加固材料：赤松（高 15× 宽 45× 长 250）2 块

工具以及其他材料

木工胶、防裂螺钉。

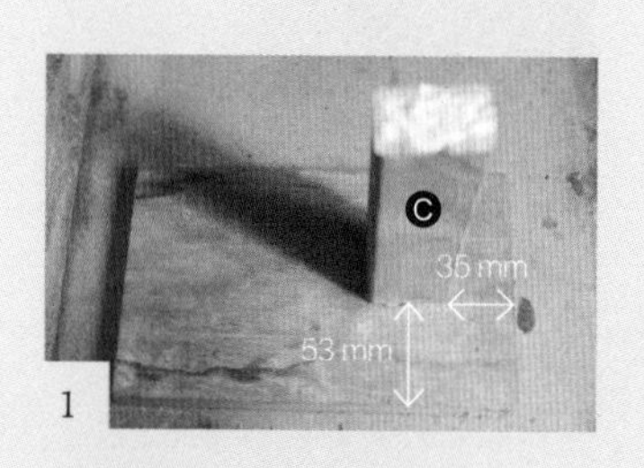

1

将凳腿和加固材料黏结

用胶将 B 凳腿和 C 加固材料黏结起来。

2

晾干木工胶

如果胶不干，则难以立起来，用夹紧器的话效果会更好一点。

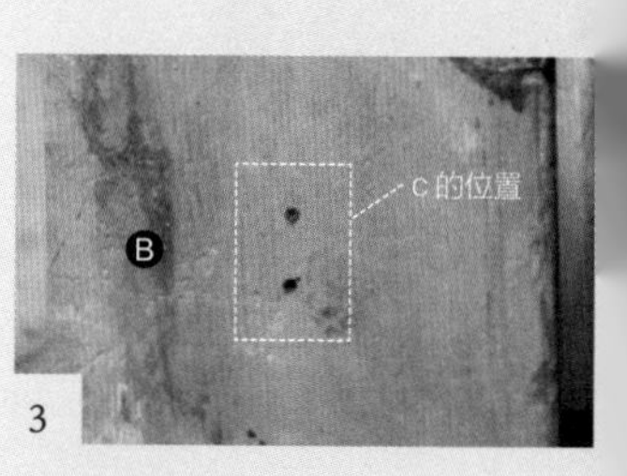

3

用螺钉固定加固材料

如果胶干了，用螺钉将 B 凳腿和 C 加固材料连接起来。

4

安装加固材料

用胶和螺钉将 D 加固材料与内外两侧连接。

5

安装踏板

用螺钉和胶将 A 踏板固定在 4 个凳腿上。每侧的螺钉有两个就足够了。

6

打磨

用打磨器等将整体锉平，修整至触感很舒服的程度。使用砂带机很轻松地就可以把棱角磨圆。

要点

用梯凳取高处的东西会很方便，而且其构造简单，初学者也很容易制作。另外如果不喜欢旧木料的话，用新木材也可以。

column 02 丸林家的陶瓷制品

因为木制的厨房和不锈钢的洗碗槽具有违和感，所以想选择具有手工艺感的陶瓷洗碗槽。水龙头、灯具等这些从装修房子之前就要开始收集，还要记得向洗面台的厂家预订两个洗碗槽。

1

洗菜用的水槽。将从制作信乐瓷器的厂家订购的水槽装好，独特的花纹如此美丽。

2

根据图纸订做的水槽。不输于天花板橡木材的厚重感，令人感到惬意。

自己制作设计的橱柜、玻璃窗等

在拍卖会上入手的木质百叶窗

墨西哥瓷砖

手工制作的带抽屉的洗漱台

3

洗漱台上的图案以及洗漱用品。这些绘有鸟纹的瓷器为墨西哥产品。而水龙头为黄铜制品。

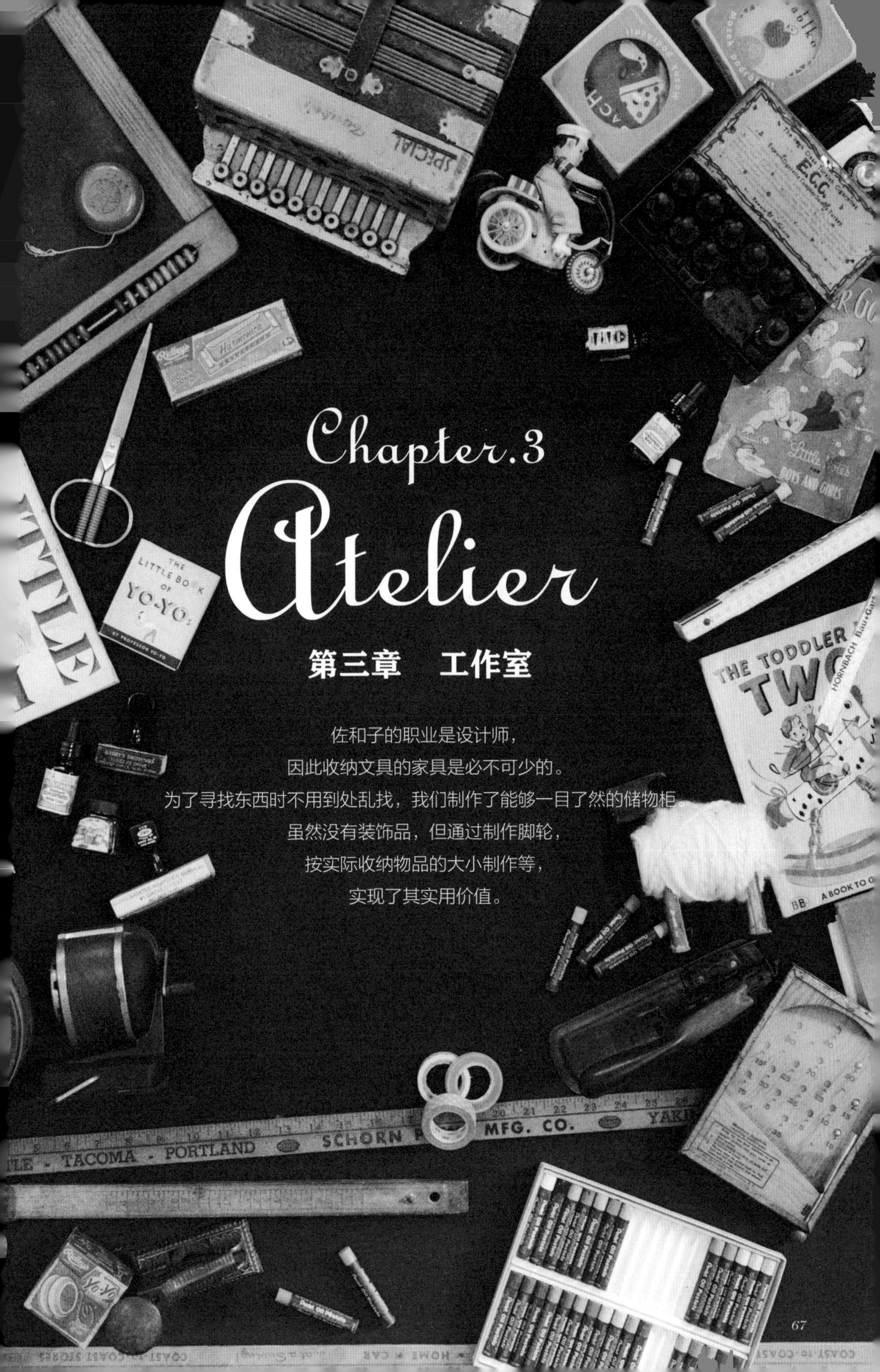

Chapter.3

Atelier

第三章　工作室

佐和子的职业是设计师，
因此收纳文具的家具是必不可少的。
为了寻找东西时不用到处乱找，我们制作了能够一目了然的储物柜。
虽然没有装饰品，但通过制作脚轮，
按实际收纳物品的大小制作等，
实现了其实用价值。

工作室为三角形屋顶，墙壁上镶嵌着几个小巧的窗户，古色古香的玻璃窗配以巧克力色的两开门，以及赤色的门扣。基础工程和核心构造都要依靠工匠，此外，完成主屋用了两年的时间。这是一个处处讲究的工作室。

另一扇小巧的门扉。从它的石瓦拱门可以看出制作方法。

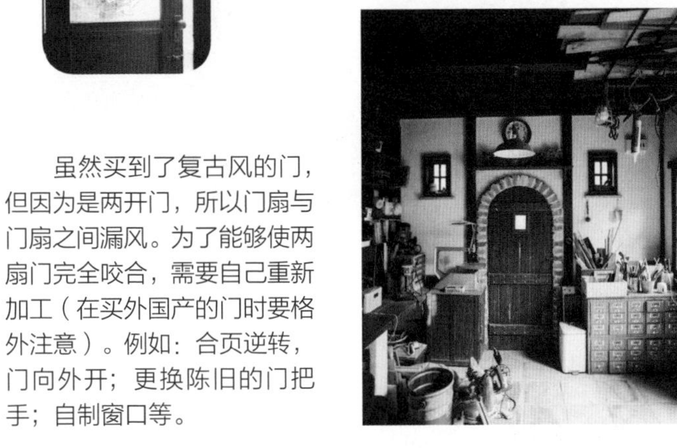

虽然买到了复古风的门，但因为是两开门，所以门扇与门扇之间漏风。为了能够使两扇门完全咬合，需要自己重新加工（在买外国产的门时要格外注意）。例如：合页逆转，门向外开；更换陈旧的门把手；自制窗口等。

摆放涂料的四层置物架。涂料品种一目了然。置物架制作完毕之后进行安装，由于置物架比较重，安装要十分小心。

通往二楼楼梯的通顶设计被用作放置闲置物品的储物架，实现了大容量的收纳功能。

把边角料和喜欢的旧木料储存在房顶的铁架上
珐琅灯罩
墙面上打一个架子，提升收纳能力
兼用于透气和点缀楼梯的小窗
1 楼用作摆放工具的操作间
椭圆形壁龛

楼梯下方的衣橱，
可用作收纳空间
当操作台用的
长桌
还做了个带轮
子的拉出式收
纳柜

石川先生做精细手工用的桌子，就是那种在咖啡馆里常见的简单实用的长桌。长桌横向空间充裕，感觉放多少东西都没问题。当然，这张桌子也是手工制作的。

石川先生制作物件时，首先会用简单的图勾勒出成品的大致印象。因为他要边做边找感觉，调整平衡，所以着手制作之前不会画太细致的图纸，而是根据成品的样式和比例事后画好。他很重视协调的外观和自然的样式。

内开式木制窗户全部自制，设计感十足的复古玻璃是从彩色玻璃厂购入，自己镶嵌的。

（左）珠宝盒、玻璃门是用镜框改造而来的，而且用乳胶漆和裂纹漆做出了复古风的裂纹样式。（下）筛土盒子挂在墙上构成一个摆放小饰物的空间。

纸张收纳架

→第 80 页

Paper Storage

因为我是做手工的，所以家里有很多纸。后来就做了一个能收纳 A3 纸的架子，带轮子能移动，又有许多格子能分别收纳各种颜色的纸，很方便。（佐）

黑板有很多人都想做，我也介绍过好几种黑板的做法，黑板喷雾也逐渐广为人知了。这次我要介绍如何制作一种装饰用的黑板。在黑板边上贴上装饰线条（装修用的建材），就能让它毫无违和感地融入复古风的室内装修。（佐）

用装饰线条做的小黑板

→第 79 页

纸带收纳架

→第 81 页

Duet Tape Storage

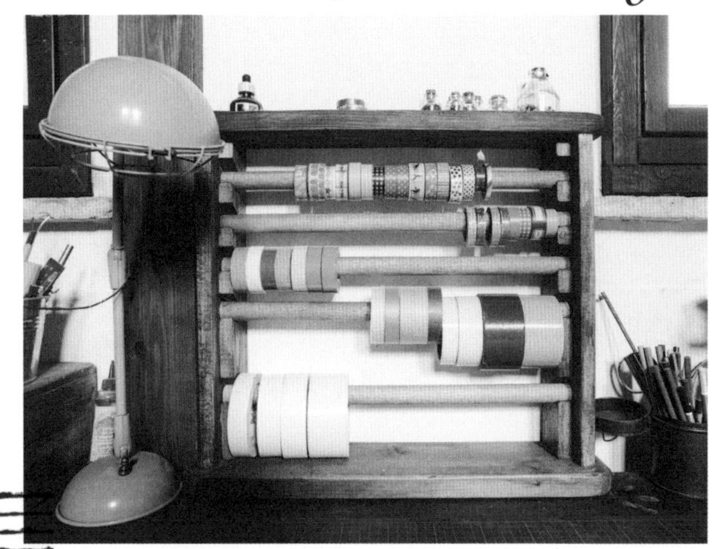

由于工作的关系，家里各类纸带越来越多，找起来往往会花很多时间。如果能在架子上展示性地收纳这些纸带，就会很方便！其实只要把它们往木棒上一串就可以了，就这么简单！用多长剪多长。（佐）

带抽屉的开放式书架

→第 87 页

书架安在儿童房的墙上，带抽屉的。学生时代买过一个在胶合板上包着木纹纸的便宜书架。当时是为了放画册，但书很重，板子慢慢地都弯了。真想对当时的自己说："要是用实木板材自己做只要三分之一的钱就行了！"（聪）

Ladder

脚踏板宽敞的梯子

→第 86 页

梯子乍一看很难做，但实际做时却发现工序既少又简单。除了可以用于阁楼，还能在整面墙都是书架的房间中使用。

做梯子的要点是把脚踏板的宽度设计得宽一点，爬上爬下时会轻松许多。

Wooden Loft

收纳空间充足的木阁楼

→第 82 页

当初交房时为了节省成本，就没有动二楼的石膏天花板。后来想到如果把阁楼空间改成床铺岂不可以扩大房间使用面积，于是就拆了天花板。因为有螺钉露在外面，所以中心柱的位置是看得出来的，使天花板的拆卸变得容易许多。（聪）

也可以立起来
作为装饰。

Printer Tray

变身陈列盒的铅字托盘

→ 第 89 页

所谓铅字托盘，就是活字印刷时代装铅字块用的小抽屉。它有许多小格子，放小物件十分方便，所以在旧货之中很受欢迎。但是那些格子太小了，可放的东西有限，有时也不是那么好用。如果把格子的大小做得正合自己的需要就好了，可以拿它来放有趣的小钟表、首饰，也可以用作店铺里的陈列盒。（聪）

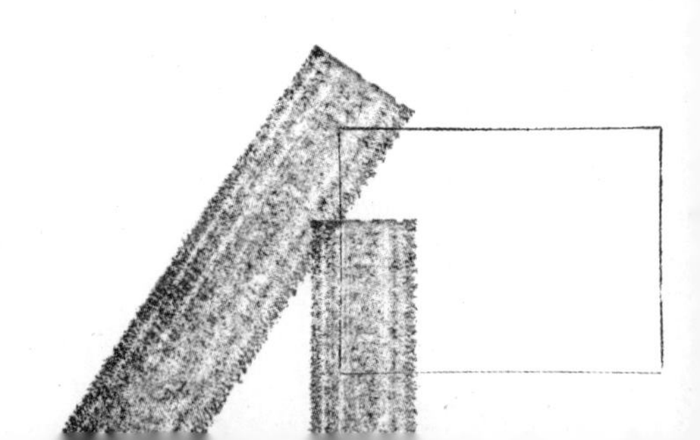

用装饰线条做的小黑板

制作时间：4 小时　预算：3000 日元　→第 75 页

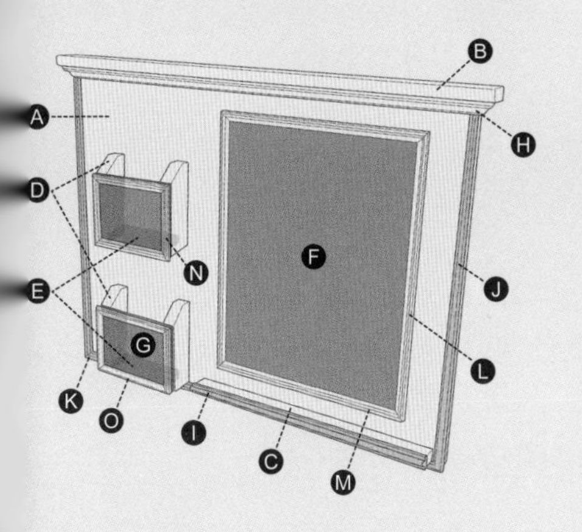

原材料

A 主板：松木复合板（高 19 × 宽 450 × 长 600）1 块
B 顶面板：红松（高 15 × 宽 45 × 长 640）1 块
C 板槽：红松（高 15 × 宽 24 × 长 355）1 根
D 收纳盒侧面：红松（高 19 × 宽 38 × 长 125）4 块
E 收纳盒底面：红松（高 19 × 宽 38 × 长 95）2 块
F 黑板：胶合板（高 5.2 × 宽 290 × 长 360）1 块
G 收纳盒前板：胶合板（高 5.2 × 宽 100 × 长 133）2 块
H 装饰线条：（高 15 × 宽 15 × 长 600）1 根
I 装饰线条：边框用 T 字形（高 8 × 宽 16 × 长 355）1 根
J 侧面装饰线条：边框用（高 8 × 宽 13 × 长 435）2 根
K 下面装饰线条：（高 8 × 宽 13 × 长 600）1 根
L 黑板侧面装饰线条：边框用（高 7 × 宽 14× 长 360）2 根
M 黑板上下面装饰线条：边框用（高 7 × 宽 14 × 长 290）2 根
N 收纳盒侧面装饰线条：边框用（高 7 × 宽 14× 长 100）4 根
O 收纳盒侧面装饰线条：边框用（高 7 × 宽 14× 长 133）4 根

工具以及其他材料

木工胶、防裂螺钉、黑板喷雾。

1

制作前板

将 N、O 装饰线条两端切出 45 度角，接在收纳盒前板 G 上，如此做两个。

2

制作收纳盒

将收纳盒侧面 D 的木板如图切成斜角。

3

制作主板

用胶将 B 顶面板粘在 A 主板上，干燥之后，将 H 装饰线条两端按照主板宽度切出 45 度角，并粘在主板上。

4

装饰

将 J、K 装饰线条下端对照主板切出 45 度角，用胶粘在主板上。

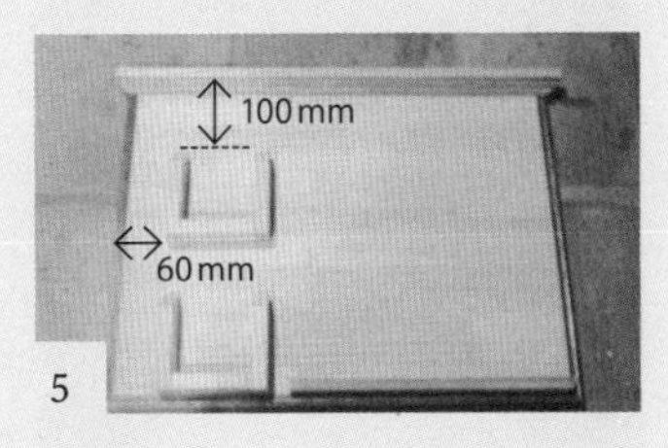

5

组装

将 D 收纳盒侧面与 E 收纳盒底面黏合在主板上，从背面用螺钉固定。将 C 板槽同样用胶黏合、用螺钉固定在主板上。

6

接合前板

进行组装，将步骤 1 里制作的前板粘在收纳盒上。

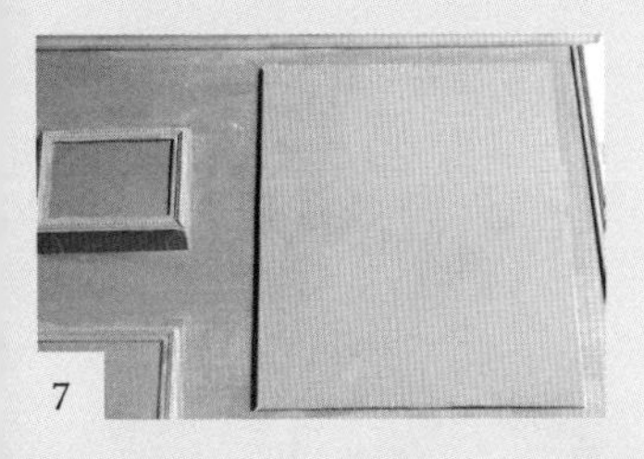

7

装上黑板

将 F 胶合板用黑板喷雾喷黑，干燥后黏合在 A 主板上，再将 L、M 装饰线条粘在黑板上。最后将 I 装饰线条黏合在 C 板槽上就大功告成了。

贴上装饰线条之后黑板一下子有了复古风，边框用的装饰线条可以在绘画用品店或镜框铺子里买到。

纸张收纳架

制作用时：5 小时　预算：11 000 日元　→第 74 页

原材料

A 侧板：松木复合板（高 19 × 宽 330 × 长 1120）2 块
B 顶板、底板：松木复合板（高 19 × 宽 330 × 长 430）2 块
C 内侧板：红松（高 19 × 宽 38 × 长 430）1 块
D 隔板：胶合板（高 3.6 × 宽 330 × 长 440）14 块
E 背板：胶合板（高 3.6 × 宽 468 × 长约 1087）1 块

工具以及其他材料

木工胶、螺钉、钉子、木销子、脚轮 4 个。
※ 尺寸含“约”字的请按实物大小估计。

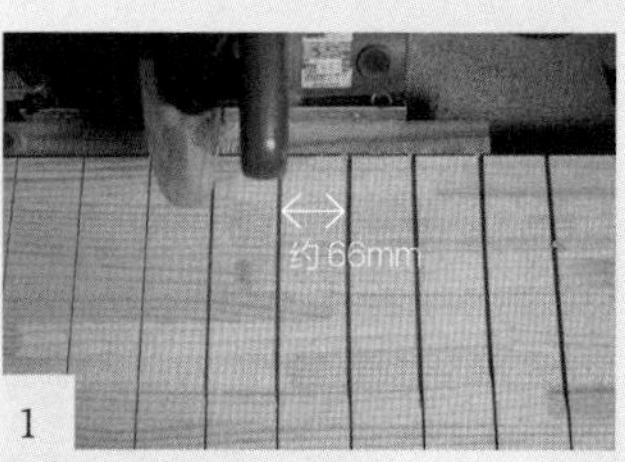

在侧板上切出沟槽

在 A 侧板上用圆锯切出沟槽，必须切出能插进隔板的宽度，大概 4~4.5 mm，所以要拉动圆锯两次。

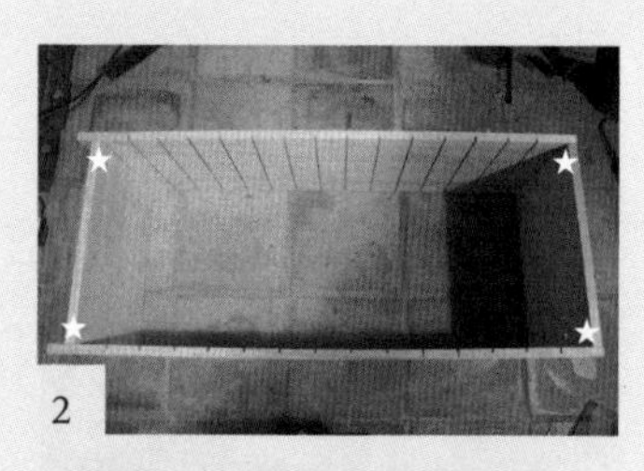

用侧板、顶板、底板和内侧板做箱子

准备好 A 侧板、B 顶板和底板、C 内侧板，用胶粘好图中带★的地方拼成箱体。注意干燥前用夹紧器夹好。

钻开木销子插孔

胶干燥之后，在图 2 中侧板上带★的位置上下各钻 3 个木销子插孔，用以固定 A、B、C。钻好后在孔里灌点胶水，插入木销子。另一侧侧板做相同处理。

锯掉木销子露出的部分

步骤 3 中插入的木销子固定后，用锯锯掉木销子露出的部分，再用锉磨平。

装上背板

把步骤 4 中做好的部件涂好漆，将 E 背板用胶黏合在背面，干燥后用螺钉固定。把 A 侧板上方的两个角磨圆，插入 D 隔板。

装上脚轮

将脚轮用螺钉装在底面。前面 2 个脚轮最好用带固定器的，便于固定。

每个格里都能装得下一沓 A3 纸或两沓 A4 纸，收纳效果非常好。

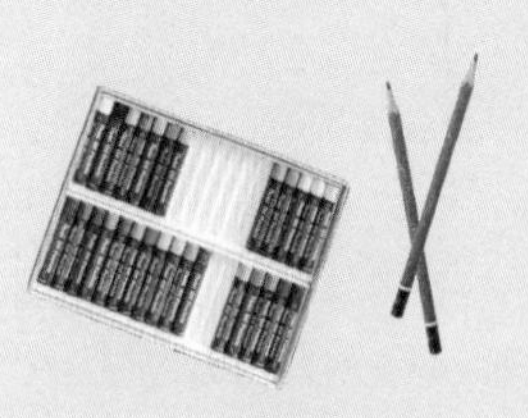

纸带收纳架

制作用时：4 小时　预算：2000 日元　→第 75 页

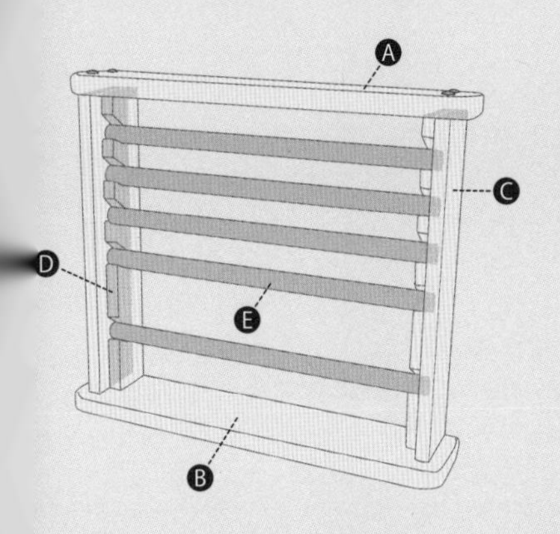

原材料

A 顶板：扁柏木（高 28 × 宽 90 × 长 540）1 块
B 底板：扁柏木（高 28 × 宽 110 × 长 540）1 块
C 侧板：SPF（高 19 × 宽 89 × 长 410）2 块
D 挂板：SPF（高 19 × 宽 64 × 长 410）2 块
E 圆棒：SPF（直径 24 × 长约 460）5 根

工具以及其他材料

木工胶、防裂螺钉、装饰图钉 4 个。
※ 尺寸含“约”字的请按实物大小估计。

1

确定位置

在 C 侧板上摆上 E 圆棒和纸带，确定好位置。

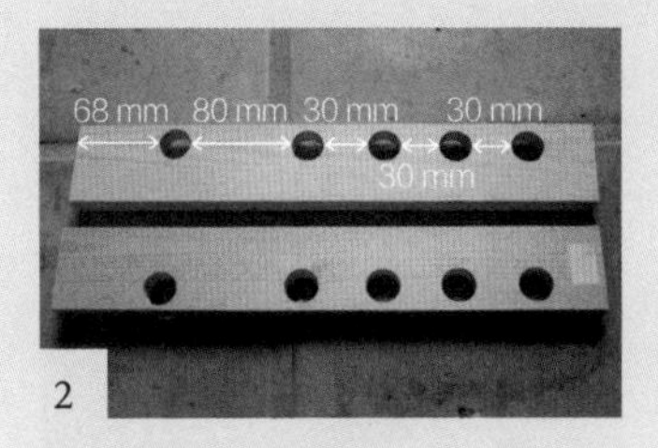

2

加工挂板

照着步骤 1 里确定的位置，如图在 D 挂板上用电钻钻出直径 26 mm 的小孔，注意左右对称。

3

挂板切开口

用圆锯在挂板上的小孔边缘切开口，开口方向与挂板边线成 60 度左右，然后用锯条按锯痕切下木块。

4

黏合 C、D

用锉把 D 挂板的开口打磨光滑，用胶黏合在 C 侧板上。

5

黏合 A、B

把步骤 4 中制作的挂板黏合在 A 顶板和 B 底板上，用螺钉固定。顶面用装饰图钉盖住螺钉头。

要点

纸带有宽窄之别，亲自设计能让架子更好用。

6

打磨

用砂纸打磨整体，提高木质触感。

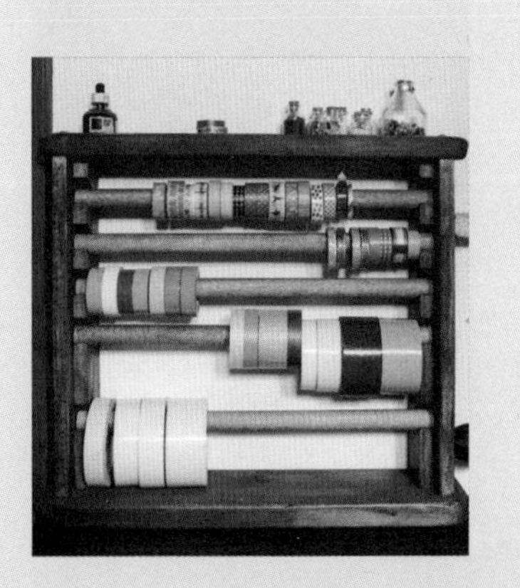

收纳空间充足的木阁楼

制作用时：5 日　预算：25 000 日元　→第 77 页

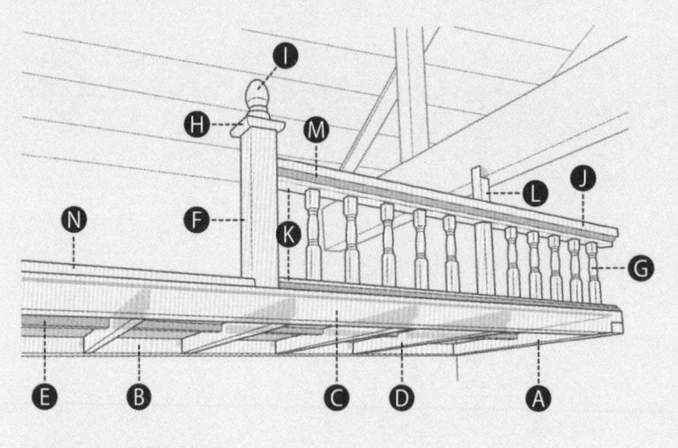

原材料

A 墙面侧板：SPF（高 38× 宽 89× 长 1305）2 块
B 墙面内侧板：SPF（高 38× 宽 89× 长 2580）1 块
C 方木材：杉木（高 90× 宽 90× 长 2580）1 根
D 横板：SPF（高 38× 宽 89× 长约 1245）4 块
E 加固材：花旗松（高 38× 宽 38× 长约 2540）1 根
F 主立柱：杉木（高 90× 宽 90× 长 540）1 根
G 栏杆柱：楼梯用（高 38× 宽 38× 长 700）5 根
H 柱伞：（高 35× 宽 132× 长 132）1 个
I 柱头：（高 80× 宽 80× 长 142）1 个
J 压顶木：阿拉斯加扁柏（高 35× 宽 110 × 长 1800）1 块
K 栏杆框：红松（高 45× 宽 55× 长 1800）2 根
L 加固材：红松（高 45× 宽 55× 长 550）2 根
M 装饰线条（高 15× 宽 15× 长 1800）4 根
N 边板：红松（高 24× 宽 105× 长约 700）1 块

工具以及其他材料

木工胶、螺钉、暗钉、木销子、木板材（栎木，高 15 × 宽 90 × 长 1820）、墙壁探测仪、复合板（高 9 × 宽 910 × 长 1820）3 块。

※ 尺寸含“约”字的请按实物大小估计。

1

准备

为了在窗户上方搭个阁楼，需要预先进行拆卸天花板和在顶棚加装隔热材料的工作。另外，把顶棚的木板稍作清理粉刷也是拆卸天花板时必要的工作。

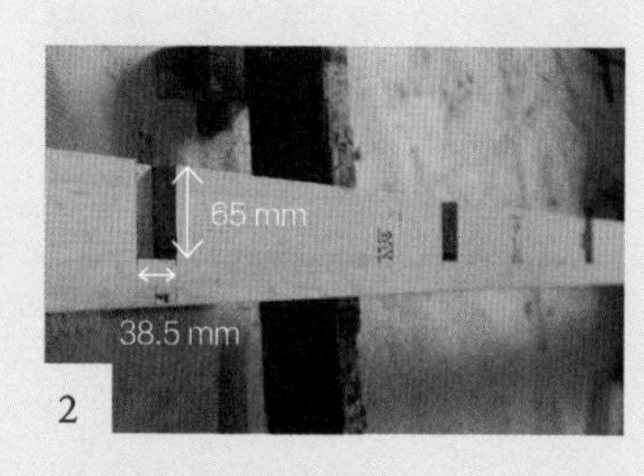

2

加工墙面内侧板

为了能把 D 横板插入 B 墙面内侧板里，要用电锯在上面切出深 20 mm 左右的凹槽，C 方木材也做同样处理。

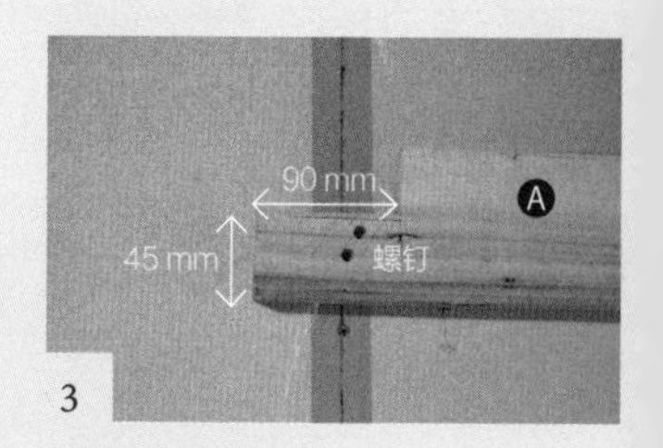

3

加工墙面侧板

A 墙面侧板上要架上 C 方木材，所以必须切出一个如图的“L”形凹槽。用墙壁探测仪确认墙体内部柱子的位置后，用胶和螺钉固定墙面侧板。

4

安装板材

将加工好的 A、B 板材装在窗户上方，安装时注意用螺钉固定在墙内的柱子上。

5

安装方木材

将 C 方木材的两端如步骤 3 那样加工，用螺钉将其固定在 A 墙面侧板上（边做边想要不要在中间加一根柱子增加强度）。

6

安装横板

将 D 横板插入 B 板、C 方木材，在要切割的地方画上记号。建筑有歪斜，最好按照实物来确定尺寸。

7

切割横板

使圆锯刀片露出 25 mm，用夹具固定住 D 横板，4 根一起切。虚线部分用锯条切比较省时。

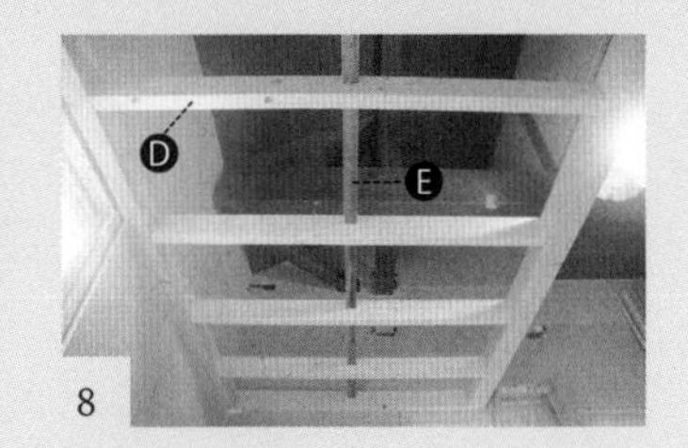

8

安装加固材

将E加固材放在D横板中间位置，标好记号，切出38 mm深的开口。这些尺寸也按照实际情况而定。

9

固定加固材

将E加固材用木工胶和螺钉固定。

10

榫接主立柱 1

为了将F主立柱榫接在C方木材上，必须在方木材上开个榫眼。开眼位置选在距方木材左端700 mm处，用墨线把主立柱横截面划分成宽30 mm的三部分。

11

榫接主立柱 2

将钻头深度设定为 40 mm，在C方木材上开榫眼，最后用凿子修整。

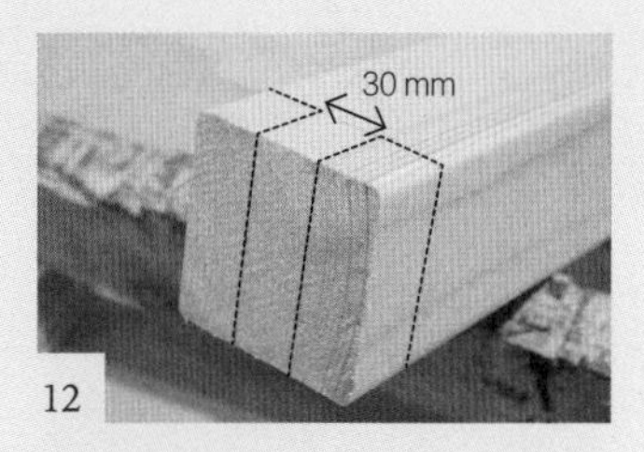

12

榫接主立柱 3

在F主立柱上打墨线，把虚线圈起来的部分锯掉。

13

榫接主立柱 4

在F主立柱底端抹上胶，插入步骤 11 中开好的榫眼里，再从两侧斜着钻入螺钉固定。

14

设置加固材料

将L加固材料固定在屋顶横梁上，以增加强度。试着摆放一下，设定为正好能插入扶手的尺寸。

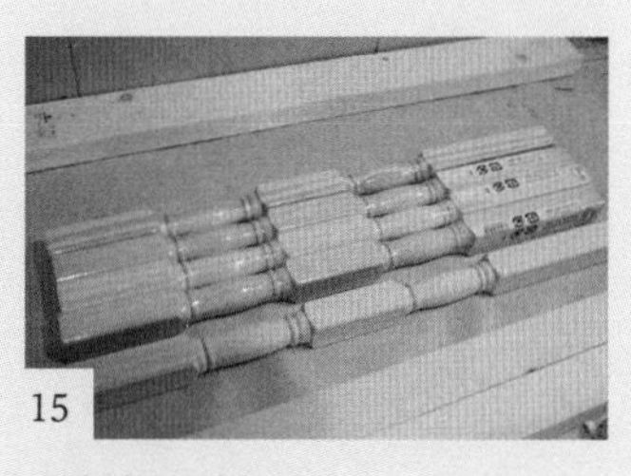
15

准备栏杆柱

G栏杆柱是用在楼梯、前廊的进口栏杆柱，如果有木工车床的话可以自己做。

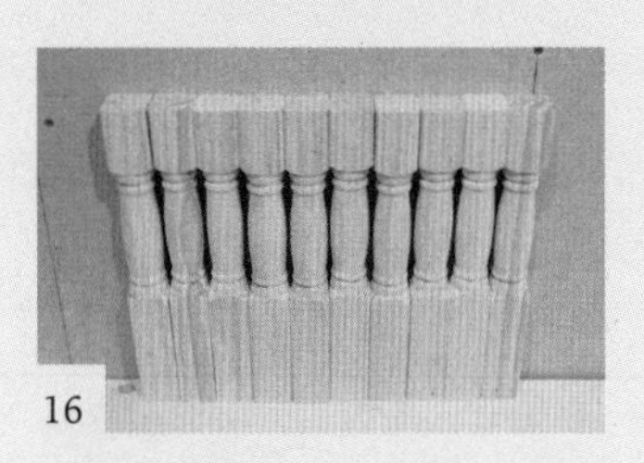

切割栏杆柱

将 G 栏杆柱对半切开。

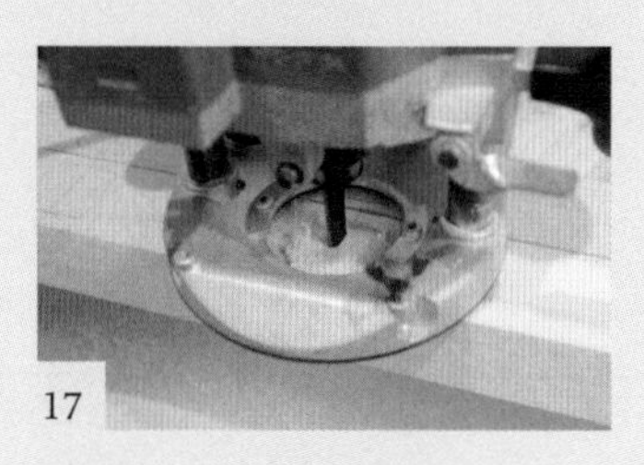

刻沟

为了将 G 栏杆柱嵌入其中，在 K 栏杆框上用木板加工机刻出 5 mm 深的沟，没有木板加工机的话，用木工胶和螺钉固定也可以。

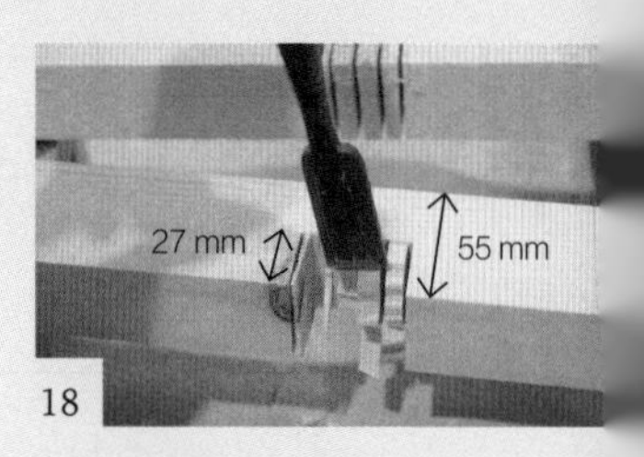

设置榫槽

为了让 K 栏杆框和 L 加固材料咬合，而做出榫接部分。同样，在 L 加固材料上也做出榫接部分。

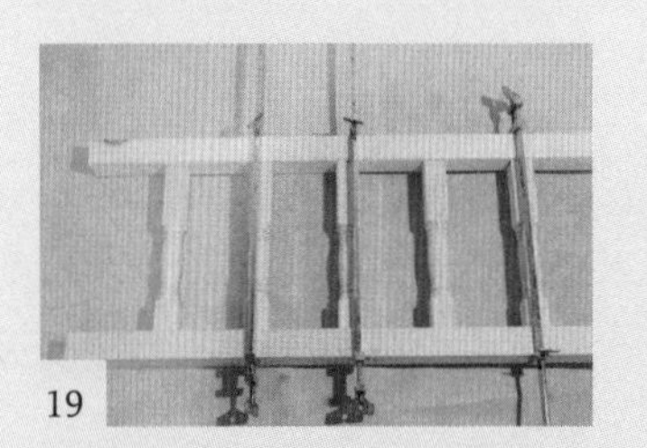

黏合

在 G 栏杆柱上抹木工胶，以 55 mm 的间隔，等距黏合在 K 栏杆框上。操作时用夹紧器固定可使黏合更紧。

用螺钉固定

胶水干后用螺钉固定。

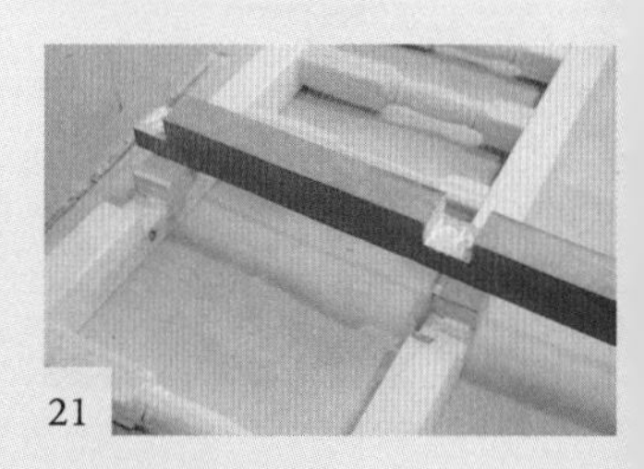

黏合

将 L 加固材料的开口用木工胶黏合在 K 栏杆框上。

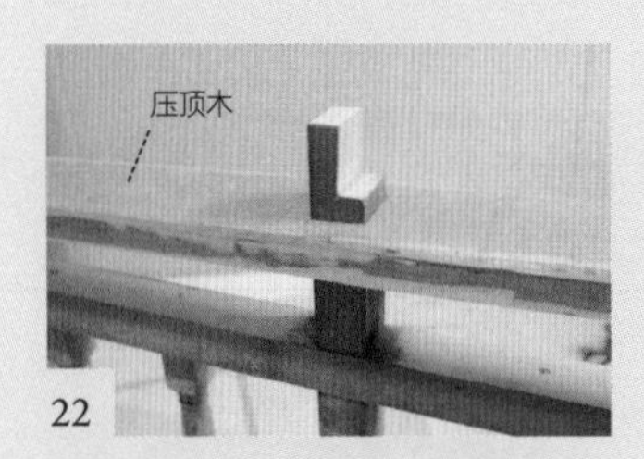

黏合压顶木

用电钻在 J 压顶木开一个能让 L 加固材料贯通的四方形小口，用步骤 11 中的方法，垂直开孔时从两面打。

在压顶木上打螺钉

从压顶木两侧斜着打入螺钉进行固定，步骤 27 中会用 M 装饰线条遮盖住螺钉。

贴复合板

将复合板用胶黏合在 A、B、D、E（地面）上，用螺钉固定。提前请专业人士给阁楼装好电线和开关的话，用起来会更方便。

加固材固定在梁上

. 加固材黏合在梁上，用螺钉
定。

26

固定扶手

将步骤 23 中做好的扶手用螺钉固定在 F 上。与步骤 23 相同，在 C 方木材上斜着打螺钉，用 M 装饰条遮盖。

27

黏合装饰条

用胶把 M 装饰线条粘在上下两侧，用暗钉固定。

装柱头

装 H 柱伞、I 柱头。

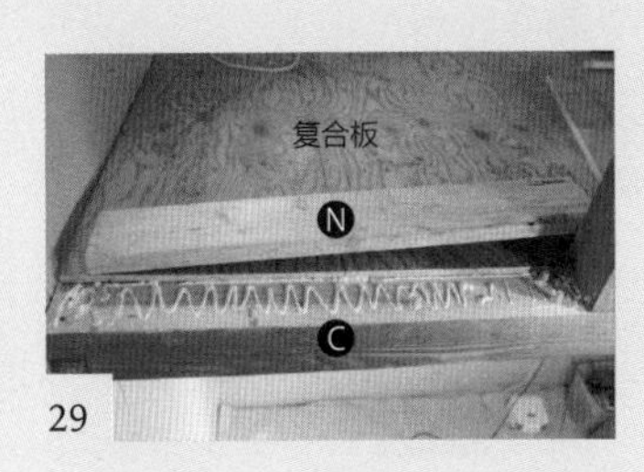

29

安装边板

将 N 边板用木销子和胶装在 C 方木材上。

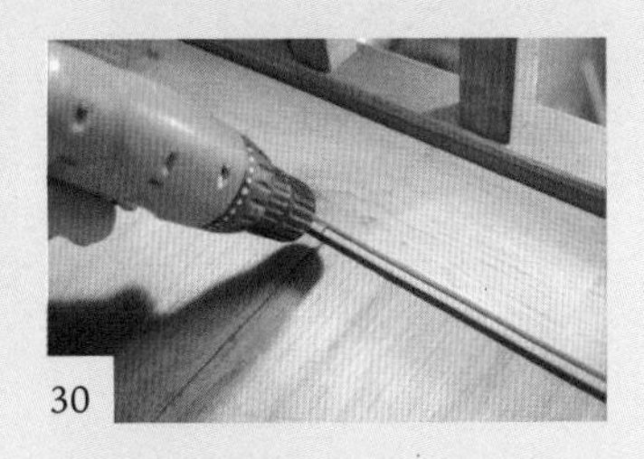

30

在地板上打底孔

在地板背面抹上胶与复合板黏合。每隔 200 mm 在接合处的凸起部斜着打一个底孔（硬木的话钉子打不进去）。

1

定地板

钉子固定地板，用锤子将钉子头
进去。地板以后有可能伸缩弯曲，
钉子时要注意这一点。

32

调整地板

最后，为了铺满阁楼地面，还要适当地对地板进行切割，也可以在缝隙里填边角料。

脚踏板宽敞的梯子

制作用时：6 小时　预算：13000 日元　→第 76 页

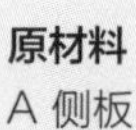

原材料

A 侧板：杉木（高 27 × 宽 105 × 长 2290）2 块
B 脚踏板：水曲柳（高 22 × 宽 135 ×450）6 块（推荐用硬木）
C 梯钩：水曲柳（高 22 × 宽 45 × 长 90）2 块
D 圆棒：桃花心木（高 15 × 宽 15 × 长 550）1 根

工具以及其他材料

木工胶、螺钉、木销子、装饰图钉 24 个、铜钩 2 个。

1

切割脚踏板

B 脚踏板要突出 A 侧板外侧 30 mm，在步骤 2、3 中还要在脚踏板两端加工接头。

2

加工脚踏板接头

脚踏板两端用锯切出接头，接头斜面 110 度。

3

黏合

为了使梯子与阁楼地板连接稳固，要对 A 侧板进行切割，使其与地面成 110 度。并用胶水黏合侧板与 B 脚踏板，间隔 270 mm 左右。

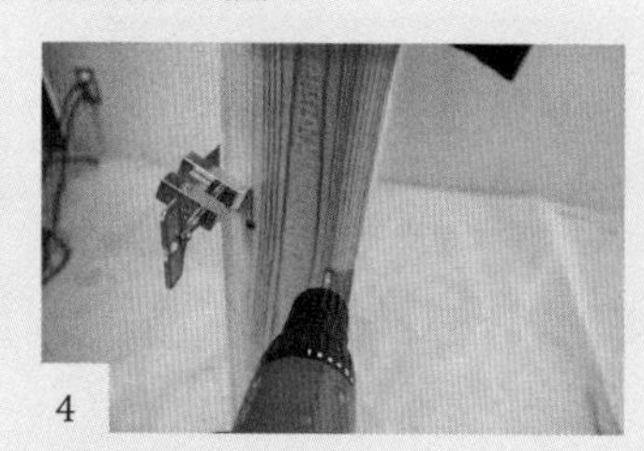

4

用螺钉固定

用螺钉将 B 脚踏板固定在 A 侧板上，不怕麻烦的话，可以在 A 侧板上挖条沟槽，使脚踏板的咬合强度增加。

5

加工梯钩

制作挂梯子的梯钩，首先用线锯加工架圆棒的木块。

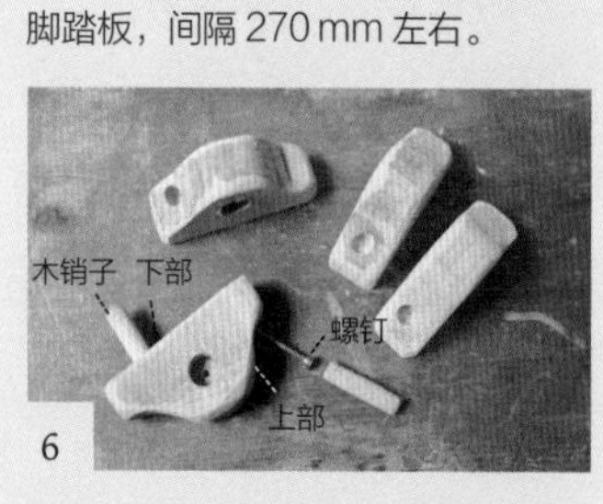

6

开孔

上部不明显，所以用螺钉固定，下部用木销子固定。D 圆棒也能用铁棒。

7

安装梯钩

将 C 梯钩用木销子固定在阁楼入口处，胶水干后在上部旋入螺钉固定。

8

安装铜钩

试着立梯子，确定好位置后装好铜钩。

9

完成

给梯子刷好漆，用装饰图钉盖住螺钉头，就大功告成了。

带抽屉的开放式书架

制作用时：5 小时　预算：5000 日元　→第 76 页

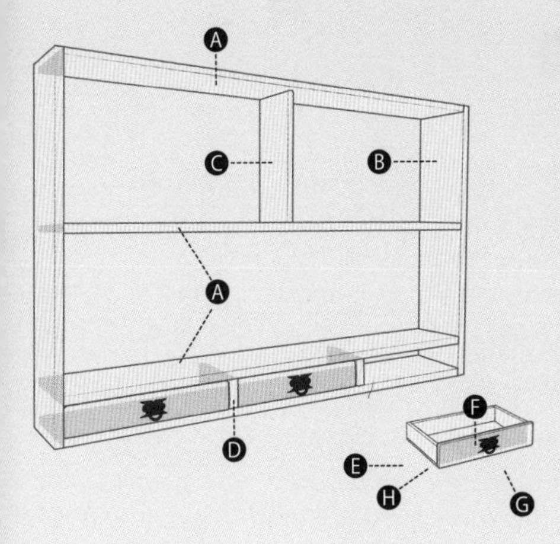

原材料

A 横板：杉木（高 24 × 宽 210 × 长 1311）4 块
B 侧板：杉木（高 24 × 宽 210 × 长 900） 2 块
C 隔板：SPF（高 19 × 宽 184 × 长 365）1 块
D 隔板：杉木（高 24 × 宽 210 × 长 78）2 块
E 木框（侧面）：花旗松（高 15 × 宽 70 × 长 182） 6 块
F 木框（正面及内侧）：花旗松（高 15 × 宽 70 × 长 390）6 块
G 前板：旧木料（高 18 × 宽 75 × 长 424）3 块
H 底板：胶合板（高 2.3 × 宽 182 × 长 420） 3 块

工具以及其他材料

木工胶、螺钉、防裂螺钉、钉子、把手 3 个。

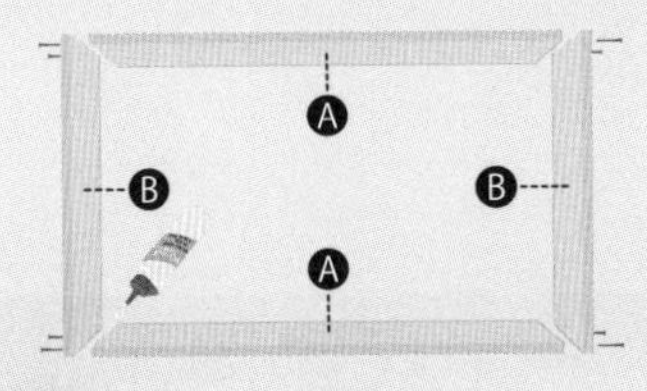

1

制作框架

用木工胶黏合 A 横板与 B 侧板，干燥后各用 2、3 个防裂螺钉固定。

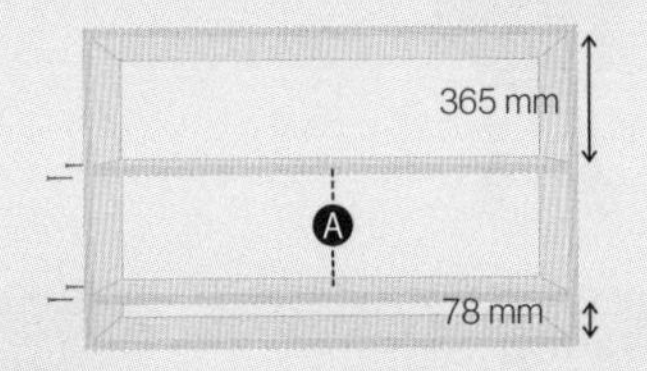

2

安装架子

将 A 横板（架板）用胶和螺钉装在框架的中央和下部，中央架板的位置根据要放的书的大小决定，下部架板的位置由 G 前板的高度决定。

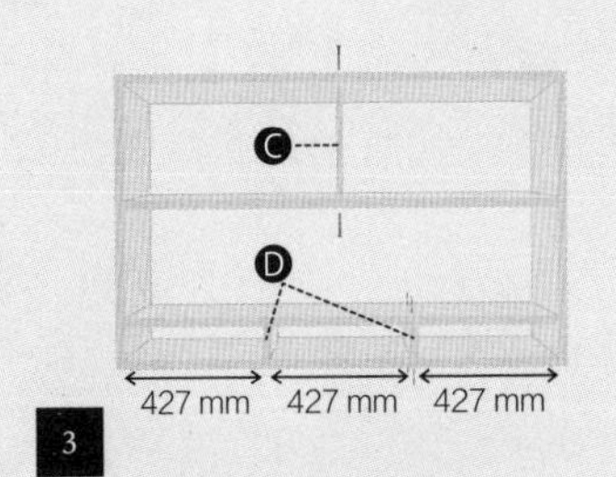

3

安装隔板

将 C 隔板用胶和螺钉固定在书架上部，再将 D 隔板用胶和钉子装在下部。

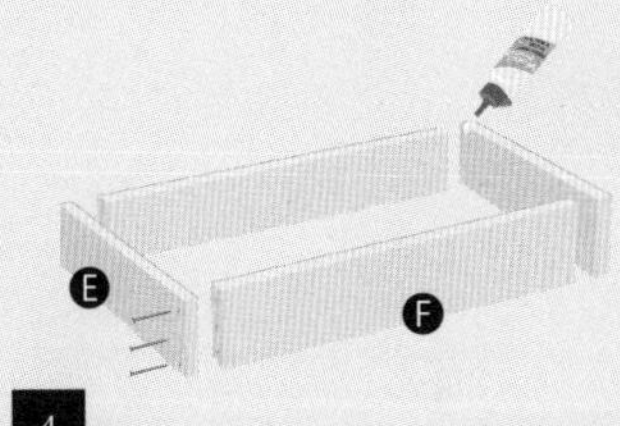

4

制作抽屉的木框

用木工胶黏合 E、F 木框，再用钉子固定。敲钉子之前用钻头提前打 3 个略小于钉子直径的洞，能防止木板开裂。

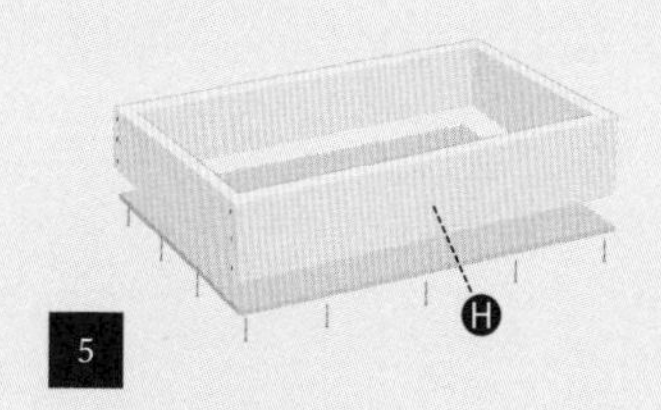

安装抽屉底板

将 H 底板用木工胶和钉子固定在木框底面。

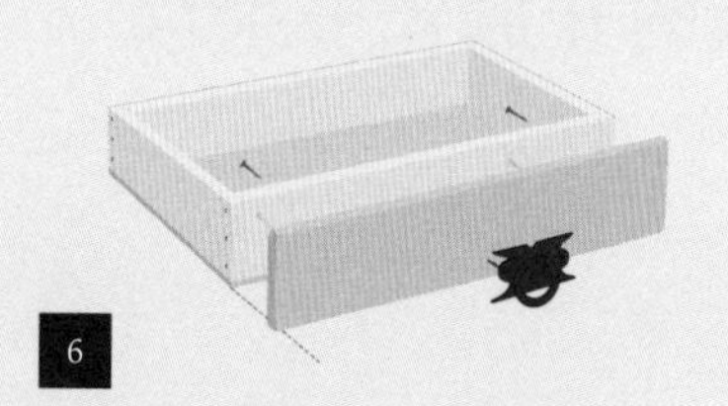

安装前板和把手

用木工胶和螺钉固定 G 前板，注意前板位置要正对底面。装好把手，就完成了。

C、D 隔板承担着防止架板被书的重量压弯的任务，还能保证书不会倒下，建议制作时增加几块 C、D 隔板。

在墙上安装书架时请参考第 62 页“开放式架子”。

变身陈列盒的铅字托盘

制作用时：3 小时　预算：2500 日元　→第 78 页

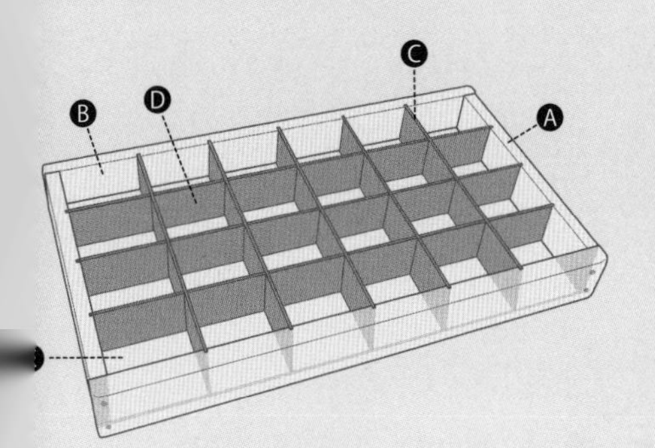

原材料

A 木框（侧面）：花旗松（高 15 × 宽 55 × 长 275）2 块

B 木框（内侧与外侧）：花旗松（高 15 × 宽 55 × 长 535）2 块

C 隔板：贝壳杉（高 3 × 宽 45 × 长约 280）5 块

D 隔板：贝壳杉（高 15 × 宽 45 × 长约 505）3 块

E 底板：胶合板（高 3.6 × 宽 182 × 长 420）1 块

工具以及其他材料

木工胶、防裂螺钉。

※ 尺寸含“约”字的请根据实物大小决定。

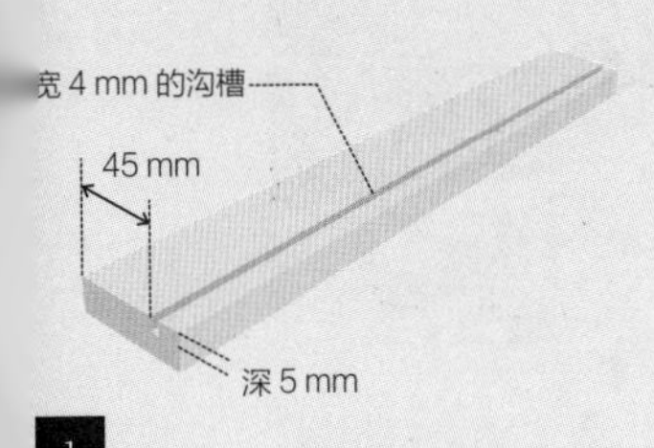

1

切割沟槽 1

用圆锯台在 A、B 木框上切出能插入 E 底板的沟槽。如果没有台式圆锯的话请参考第 80 页步骤 1 的方法。

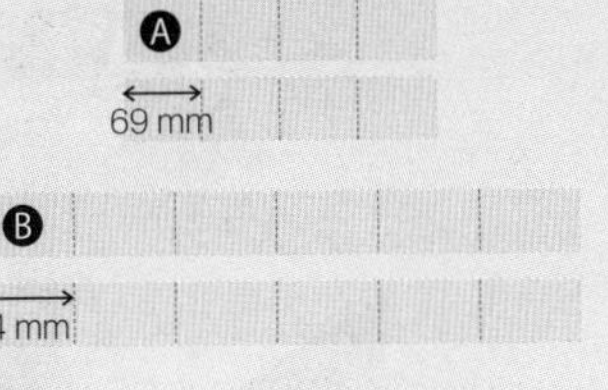

2

打墨线 1

为在 A、B 木框上切出插入 C、D 隔板的沟槽，要预先打上墨线。A 木框每隔 69 mm 打一条，B 木框每隔 84 mm 打一条。

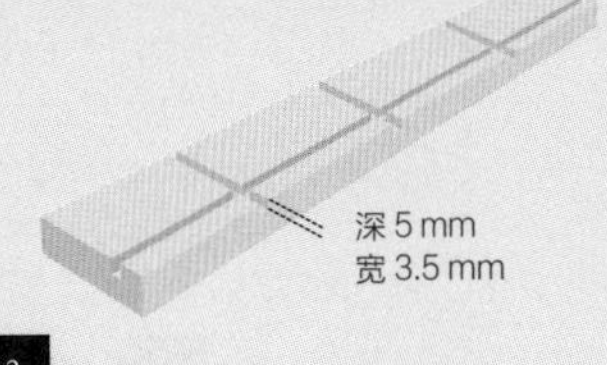

3

切割沟槽 2

用圆锯切割沟槽，宽度要比 C 隔板宽 0.5 mm，为 3.5 mm。

4

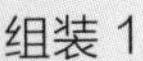

组装 1

将 E 底板插在步骤 1 中切好的沟槽里，用木工胶和防裂螺钉固定 A、B 木框，做成箱框。

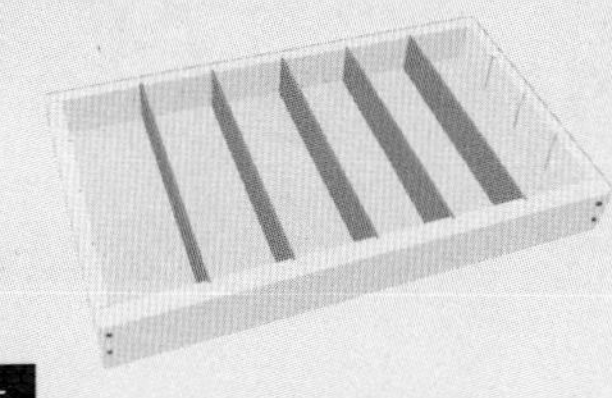

5

切割隔板 1

切割隔板，尺寸根据实物决定，切好后插入箱框。感觉稍紧一点的程度正合适。

6

切割隔板 2

用同样方法切割 D 隔板。

7

打墨线 2

将 C、D 摆好位置，确定沟槽位置标好记号。

8

切割沟槽 3

将 C、D 隔板各自捆起来，按照墨线用圆锯切出沟槽，深度设为 22.5 mm。

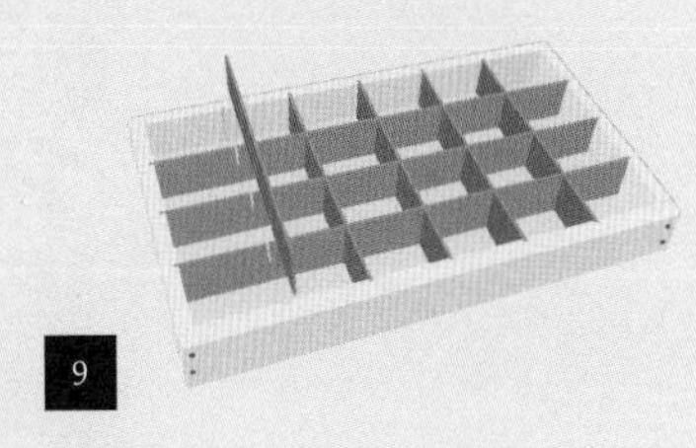

9

组装 2

按照沟槽位置插好 C、D 隔板。接合处涂上木工胶能增加强度，但抹多了插合时容易挤出木工胶，所以最好用湿毛巾一边擦拭多余胶水一边涂抹。

column 03 在纽约跳蚤市场寻找配件

我们特别喜欢跳蚤市场，喜欢到能为了逛一个跳蚤市场而开始一场旅行。在跳蚤市场里找到的小物件说不定什么时候就能用在家具制作上，所以平时就一点一点搜集着。特别是 20 世纪五六十年代的复古风配件，设计十分精美，因此特别想买。

这里是我们散步途中偶然发现的跳蚤市场，离纽约市中心不远。

发现一个老式麦克风，感觉像猫王用过的！（佐）

正在用不流利的英语砍价。美国人很好说话，交流起来还是没问题的。（聪）

老式珐琅招牌，似乎很适合车库……

在纽约能买到很便宜的脚轮或板子之类的东西，把这些小物件用在家具上能提升品质。但是实际使用时却不容易配零件，像滑动式门锁这样的东西，没有另一半就无法使用。这是要注意的事情。

第四章　花园

建好前廊的时候，我们就像是建好了一个新房间一样高兴。
照在身上的温暖阳光，拂过树梢的风，
在花园里度过的时间，似乎就是心底最幸福的部分。
摆弄植物也要费上半天工夫，对此我们乐此不疲。
凉亭、比萨饼炉，都不是必需的东西，但我们还是做完了。
试着弄一点有人来访时能够分享快乐、引以为豪的东西吧。

大家都能盖好的前廊

→第 104 页

设计之初，本打算要建一个混凝土露台再贴上陶土砖，但考虑到室内地面存在高度差不太方便，而且因为新浇筑的混凝土是块附加建筑，干燥后地面产生了裂纹和倾斜，于是就重新设计了木质前廊。从完工效果来看，前廊和卧室衔接平整，拓展了房屋的使用空间，非常棒。“我想盖一个前廊，但是地面不平”，下面就给大家介绍一个环境适应性强的建筑方法（聪）。

Wooddeck

Sleeper Step

枕木和砖头砌成的台阶

→ 第 108 页

其实有人总想：要是有个台阶就好了，哪怕只有一阶。那么就让我们用枕木搭一阶吧。把木头的柔韧与砖头的厚重质感完美结合，与一位自然主义者居住的院子相当契合。砖头堆得高一点的话，还能当一个凳子坐。

花园中的DIY家具

幻想着要是有时间的话就在这里开扇窗子，布置成一个阳光室。

做小木屋时还剩下一些厚木地板，于是就地取材做了一把长椅。

以前做的储物柜，有很多层，收纳空间巨大。

从客厅延伸出来的木地板让人看着很舒服。工作台、折叠椅、花园用具全部放在这里。

看着院子读书，再午休一下。

自从这里铺了木地板后，通风也好了。今后就打算在这儿打家具。

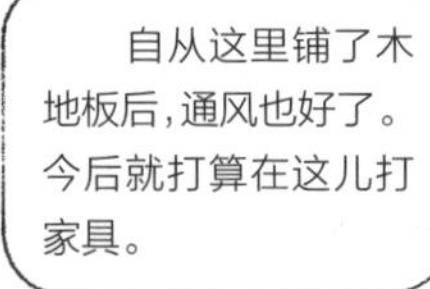

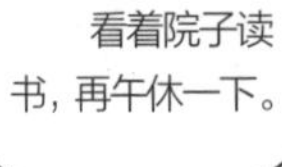

Wooddeck

今后打算在宽敞
的院子里做各种东西。

用木地板从厨房搭出一间向阳的屋子。选用透明的波形板材做屋顶，这样就能透进更多的阳光，一次晾晒很多衣服也很方便，让我十分满意。

看《家具篇》系列时制作的轻便桌，是小学里的掀盖式桌子的设计。

本人还有一个兴趣就是在院子里养花草。花坛边有我自己手工制作的木栅栏。

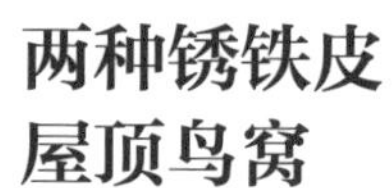

两种锈铁皮屋顶鸟窝

→第 112 页

Birdhouse

用剩余的木材下脚料做个鸟窝。其实，用剩余的铁皮做效果就更好了。鸟窝本身就是人们为小鸟提供的人工小巢。有了这些鸟窝，我们不仅可以观赏鸟儿生活时的场景，还可以保护这些小鸟。人类可以为自然生态保护做很多有益的事情。对我个人而言，没有什么大追求，只是单纯地喜欢小鸟的歌声。

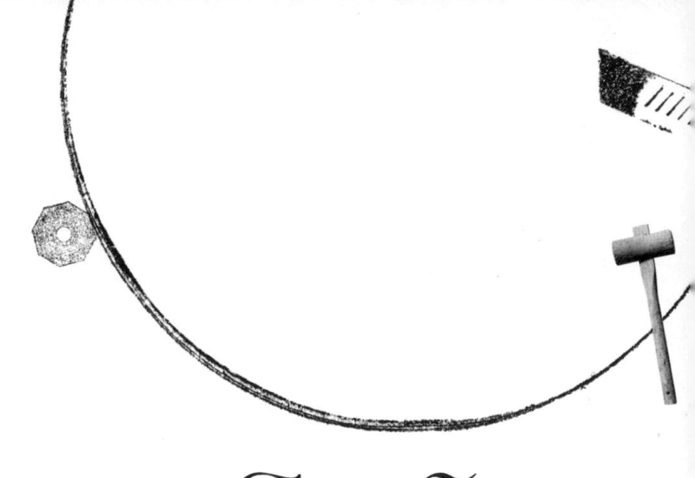

Tool Shed

一目了然的工具室

→第 114 页

起初打算用木板简单做一道围栏与邻居的院子隔开。又想做一个储物柜放一些整理花园的工具，于是灵机一动，做了一个木制储物柜，这样就一举两得了。纵深只有 60 cm，有人看后会抱怨说：“柜子空间太小，放不了什么东西，实在浪费。”还有人说：“这是拍电影的布景吗？”可是，容量大的储物柜市场上哪儿都有卖的，买回来一用，连人都能钻进去，其实也没什么大用处。把东西都塞到里面的话，想拿出来的时候还很麻烦。自己打的木柜子，开门就能看到其中全部的东西，往外拿的时候也方便。内壁的话刷上一点漆就可以了，用木板同样能做得很漂亮。试着做一下自家专属的款式吧。

朴素风玫瑰架

→第 134 页

采用木桩制作的玫瑰架朴素中流露着温情。虽然比铁架经济实惠，但耐用性稍差。因此要在加固用的木条上喷漆，使其不易被腐蚀，增强耐久度。（聪）

Rose Arch

意大利式样的葡萄架。我们想种水晶葡萄，所以试着弄了一个。架子是斜着搭的，因此柱子的长短不一。虽然是个大物件，但做起来并不费劲。

朴素的葡萄架

→第 109 页

Pergola

想起刚开始布置房子时，佐和子不经意间流露出一个想法："好想从厨房望见葡萄。"估计是脑海里浮现出了在外国杂志上看到的照片。我说葡萄不太好养，她马上答道："葡萄只看，不吃。"由于欧洲人爱喝葡萄酒的缘故，就连普通家庭的院子里通常也都种着葡萄。但并不像日本那种得到精心照料的漂亮葡萄，而是有点发蔫的感觉。恐怕人还没来得及吃就被小鸟吃掉了。最理想的就是这样的懒人葡萄架。

养一些爱爬架子的木香花，头一年开得不怎么好。虽然庭院景观受天气影响很大，但这正是趣味所在。

院子里的主角——红砖比萨饼烤炉

→第 122 页

近来，比萨炉的需求暴涨。在家人或朋友聚会时，来一个刚出炉的比萨，幸福感瞬间爆满。味道先不用说，造型上比萨炉踏实稳重的气质，即便作为院子中的一景也很棒。无需太高的技术，花些时间一点一点慢慢砌砖就好。砌好后点柴火，耐心等炉子热了。为此付出时间与精力也是一种乐趣。

Pizza Oven

现在也能买到铸造的炉门。琦玉县川口市便是因作为电影《化铁炉的街》故事发生地而闻名于世。我首选厚实的铸造炉门，再与砖搭配起来简直是完美的结合，它比市场上卖的比萨炉专用炉门更结实耐用。（聪）

Garden Table

特别喜欢外国杂志中出现的花园里高雅的小白桌。但是放在户外，风吹日晒老化不说，而且还占空间。所以决定还是做折叠式的桌子。虽然室内我没有做太多的白色家具，但是这种白色折叠桌摆到花园里颜色却很搭。

折叠园艺小桌

→ 第 130 页

Barbecue Fire Pit

啤酒好搭档——砖砌烧烤炉

→ 第 128 页

每天都过着忙碌的生活，不由自主地就想在网上弄些新鲜海鲜和高档牛肉。偶尔奢侈一下，会让人无比快乐。最开心的还得是炭火烧烤配啤酒，于是就在比萨炉旁边加了一个烧烤炉。

Kids house

像秘密基地
一样充满乐趣！

可移动折叠儿童屋

→第 132 页

新宿举办室内设计展览会时做的小屋。佐和子从事的建筑工作也总做纸板小房，孩子们特别喜欢，于是我试着做了一个可长久使用的小屋。这种小屋类似电话亭和报亭，也是一种与外界隔离的私密空间，我童年时代就非常向往这样的空间。

首先卸下屋顶的板子

开始

首先，把两个面折叠

为了折叠后能一搬就走而设计的，举办聚会等活动时，功能显著。

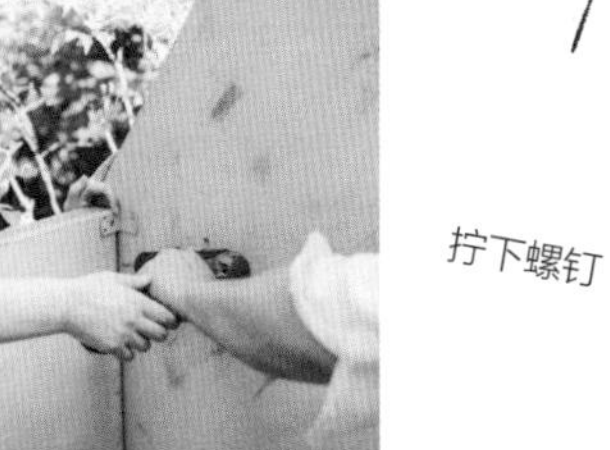

拧下螺钉

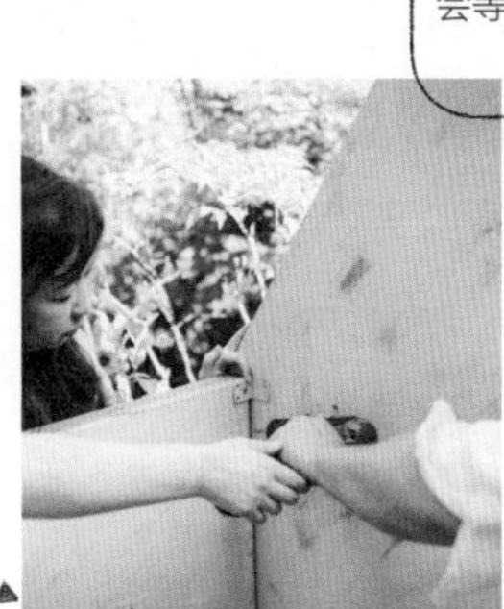

折叠墙面

最后放上底板

三分钟就叠好了

大家都能盖好的前廊

制作用时：10 天　预算：100 000 日元　→ 第

木底板原材料

短柱：扁柏木（高 90× 宽 90× 长 4000）
底板、扶手：扁柏木（高 28× 宽 110× 长 3000
横木、加固横木：扁柏木（高 20× 宽 85× 长 30
墙板用木框：杉树（高 30× 宽 40× 长 1820）
墙板：杉野产的底板（高 12× 宽 150× 长 1820
加固木框：红松（高 24× 宽 90× 长 1985）

屋檐材料

接墙板 A：扁柏木（高 40× 宽 85× 长 3000）
接墙板 B：扁柏木（高 20× 宽 85× 长 3000）
椽子：扁柏木（高 40× 宽 85× 长 3000）
基础板：杉树（高 21× 宽 30× 长 1820）

其他材料

不锈钢螺钉、铁板钉、螺旋钉、装修用螺钉（长 120）、细线、水平仪、带预埋钢板的基石、水泥、河沙、沙砾、碎石、防腐涂料、透明胶皮管、防水薄膜、膨胀管、填缝材料、赤陶瓷砖、镀锌板、装修用防水两面胶带、波形板的密封垫片、护墙板、强力胶。

施工前的情况

水泥地面开裂，前面的部分向下沉呈现倾斜状态。在工序②讲解在地面不平的情况下做木底板的方法。

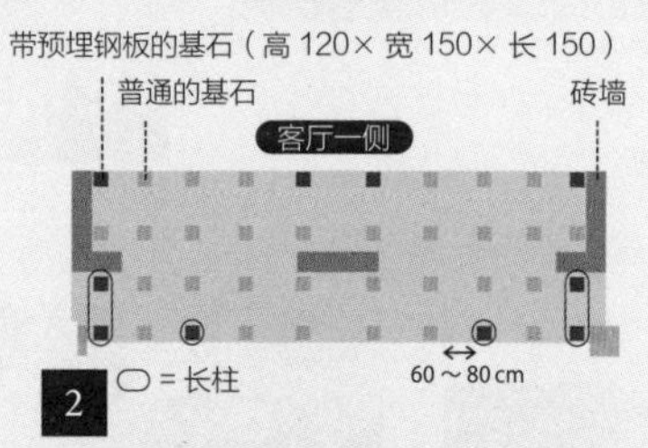

布置带预埋钢板的基石 1

先预设一下带预埋钢板的基石。虽然木底板是单纯的四方形，但我家有的墙带弧度。采取这样的设计是为了避开它们。

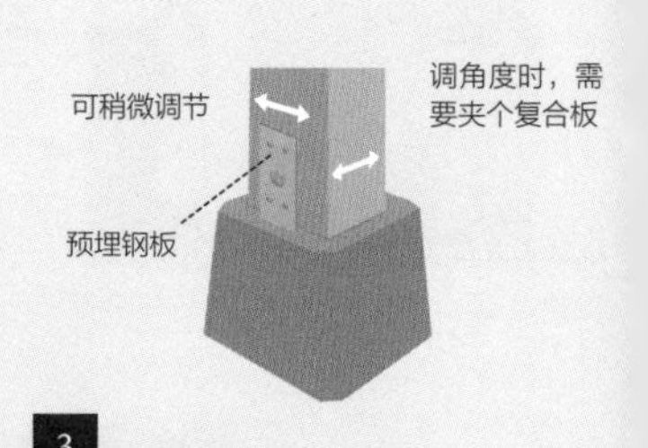

注意预埋钢板的方向

为了能对柱子进行调节，得搭配预埋钢板。还有，预埋钢板暴露在外的话影响美观，所以尽量不放在正面。

布置带预埋钢板的基石 2

布局定下来之后，用水泥砂浆固定基石。为了节省成本，其他的基石使用切好的赤陶瓷砖（不适用于土地面）。

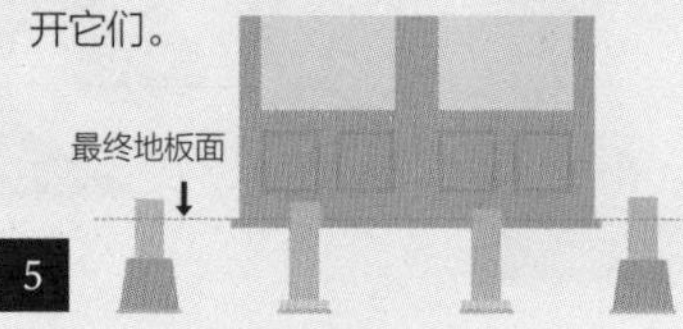

预设短柱（客厅部分）

在卧室部分的基石上预设一排短柱。让柱子的长度高出最后地面敲定的高度。没有屋檐的话，可能会被雨淋。比入口矮 6 cm 左右即可。

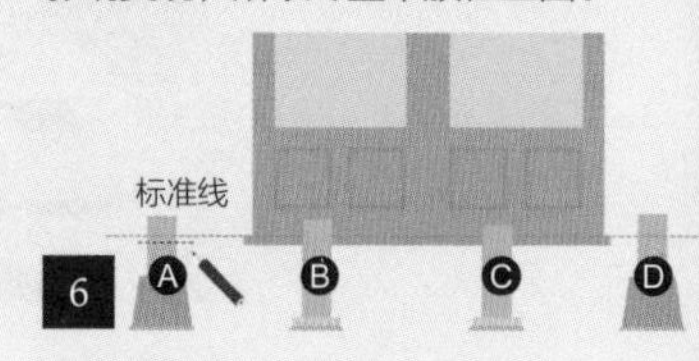

画标准线

以一根短柱为标准。在距离最终地板面 28 mm 的地方画条标准线。事先给短柱标上序号的话，哪根柱子，什么方向就清楚了。

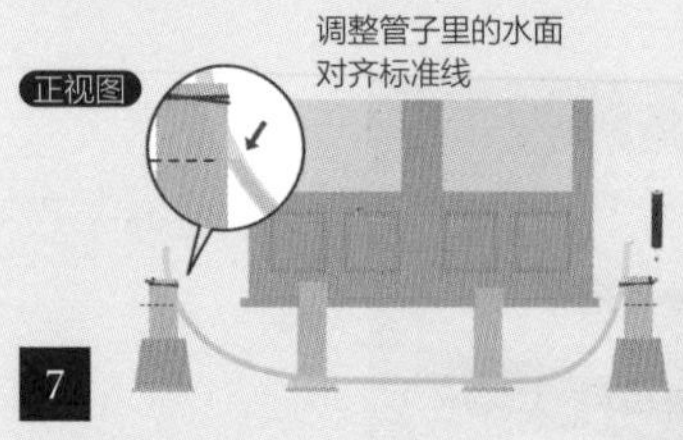

调准水平度

往透明胶皮管里灌水，使其与左侧的标准线对齐。调整完，以右侧的水面为基准做标记。

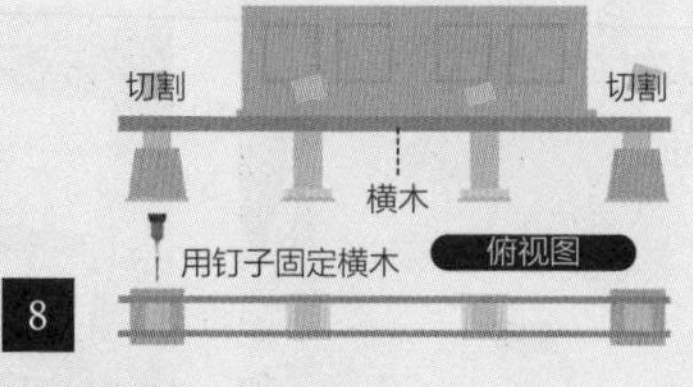

切割短柱

配合标准线用不锈钢螺钉暂时固定横木。对剩下的短柱做标记，取下横木之后切割短柱。在后期装不了客厅部分的横木，所以要优先。

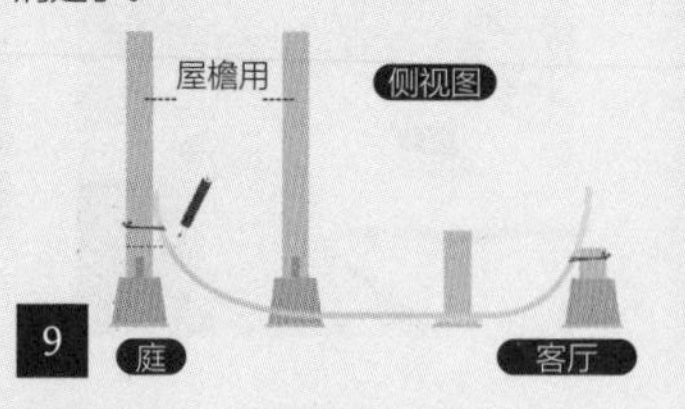

预设长柱（花园部分）

花园部分同样也是在两边预设长柱。进行铅垂线校准。先定下来木底板两侧的面、前面和后面之后再去安装其他柱子。

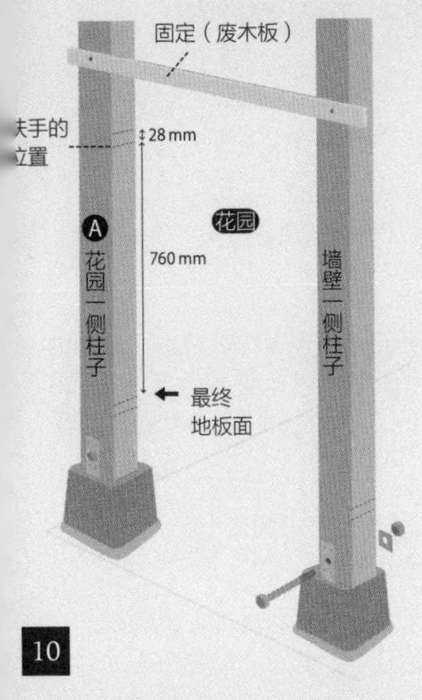

暂时固定长柱

拿块废木板暂时固定长柱。这时垂直挂一根细线，线上吊个负重（螺母之类的）。再利用基石和装修用螺钉固定好。下一步在凹槽的位置做标记。

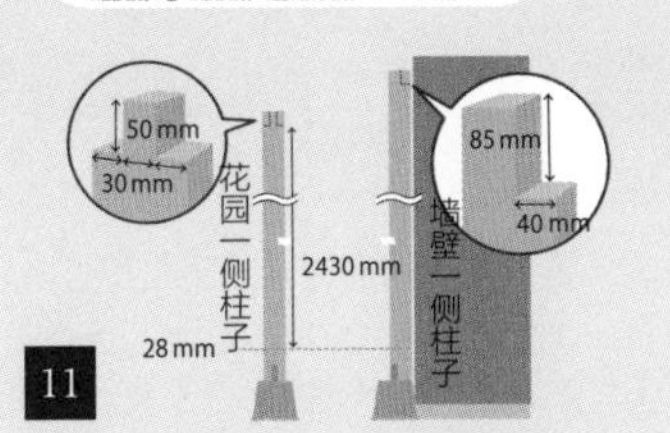

长柱的卡槽部分和栏杆的坎

取下暂时固定的长柱。如图所示，做出栏杆部分的坎与上面卡槽部分（注意方向）。

加工长柱（檐）

如果用锤子把在步骤 11 当中做好的凸槽上的棱角砸圆润一些，就更容易安装。遇潮会膨胀，所以会紧密地连在一起。

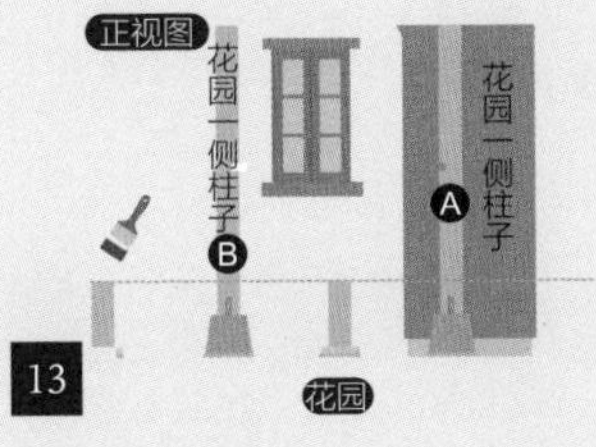

涂上防腐涂料

长柱要涂两遍防腐涂料。尤其是一些小裂口特别能吸收水分，要加倍小心。

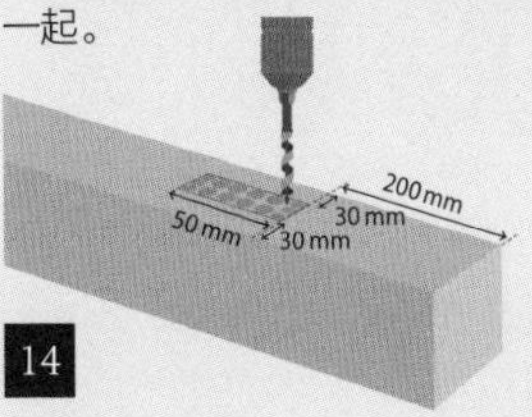

用电钻打眼

把 A 院子部分的柱子做成嵌入式的。大约 50 mm 深。尽可能用电钻打眼，再用凿子调整成长方形。

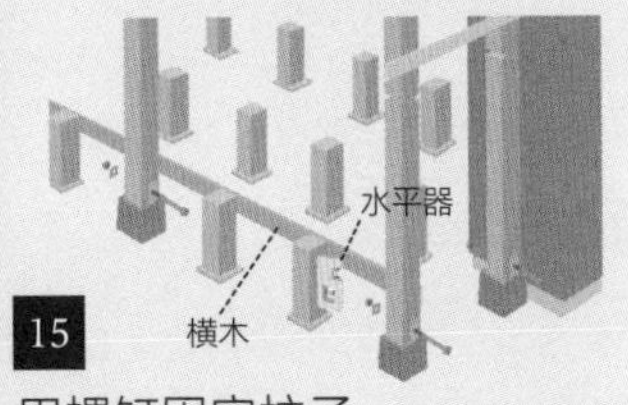

用螺钉固定柱子

摆放柱子。用螺钉固定做檐的柱子。在安装竖板的同时，检查垂直和水平度，再用不锈钢螺钉固定。标准为每处配 4 个。

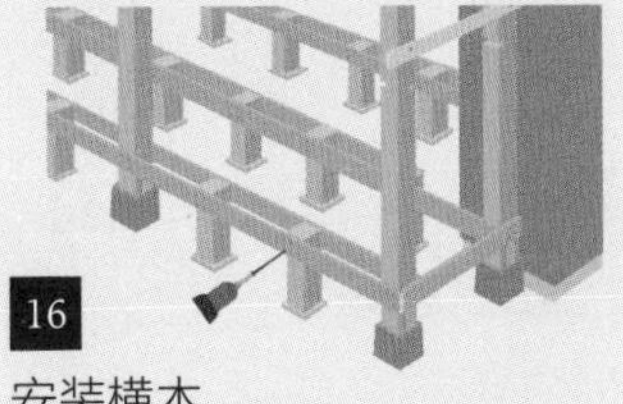

安装横木

其他也同样要安装横木。螺钉尖易坏，别怕麻烦，用细头的电钻事先打一个眼的话，就能避免这种情况了。

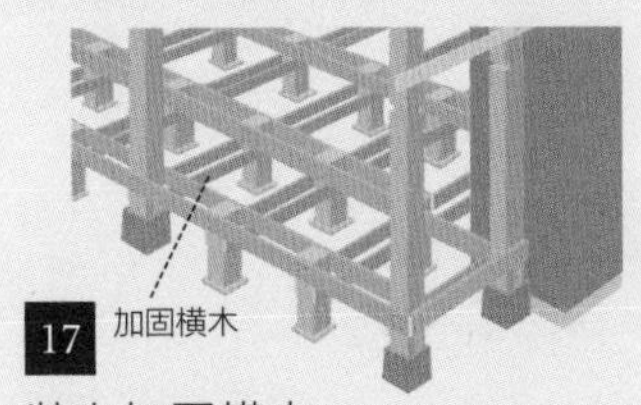

装上加固横木

在步骤 16 里装好的横木下方用螺钉加上加固横木。

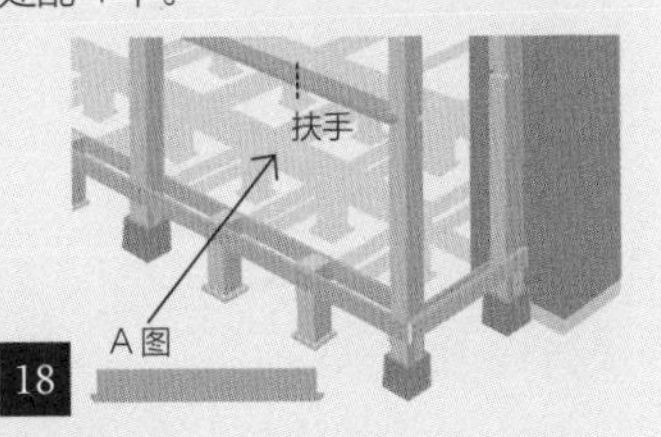

安装扶手

扶手高度有 110 mm，装完之后要能突出在外。参考 A 图所示对扶手进行切割，把边角打磨圆滑后，装得更漂亮。

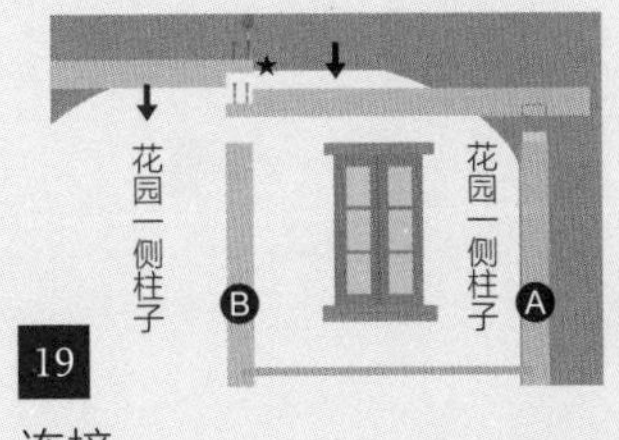

连接

进行连接。长度不够的地方参考院子部分柱子 B 进行连接榫眼的加工。再用螺钉固定。横向用螺钉固定是为了让花园一侧柱子 A 不掉下来。

做屋檐需要梯凳

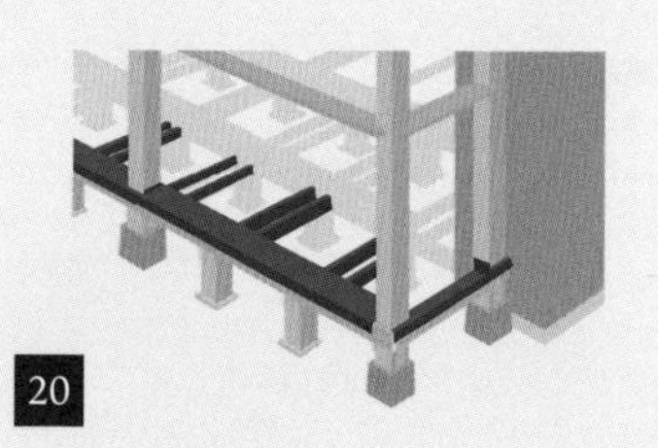

放上防水薄膜

如果铺上底板，做维护时就不能给短柱和搁栅喷防腐涂料了。所以我决定盖上防水薄膜（可根据个人喜好调整）。

铺上底板

底板要预先找到平衡。正反面都要喷两三遍防腐涂料，在边上用螺钉固定。为了避开柱子要对两端进行切割。

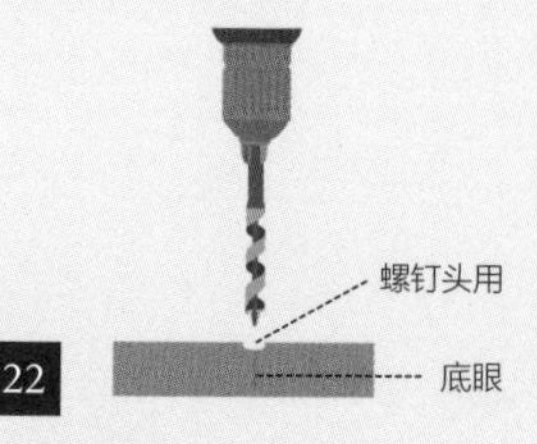

打浅眼

底板太硬的话，螺钉头多少会突出来，这样会有点危险。事先可打一个浅眼（和螺钉的底眼不同）。

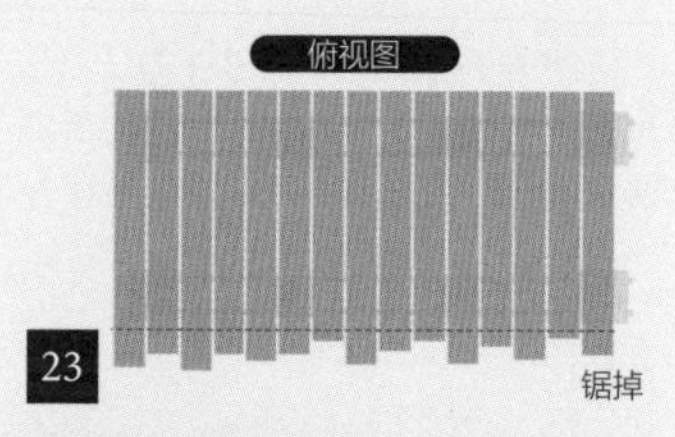

把底板裁剪齐

底板在最后用圆锯修整的话，成品会相当漂亮。以 5 mm 的间距为准。虽然可以用胶合板的厚度做参考，但这里要考虑底板的倾斜度。

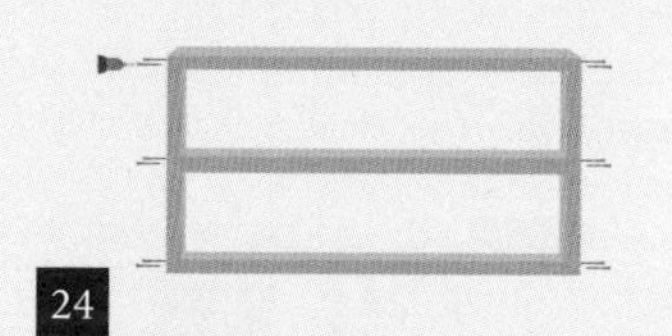

制作用于墙板的木框

量一下栏杆的内侧尺寸。做一个大小能正好塞进去的木框（没有檐的话，耐久度就成问题。不如做一个普通的栏杆）。

安装用于墙板的木框

用螺钉固定做好的木框。墙板外侧用螺钉加固。

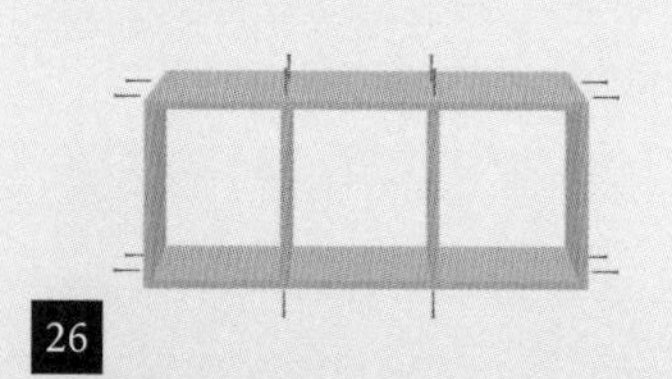

制作加固木框

制作装在柱子上方的加固木框。要是镶上窗户还能防止漏雨。

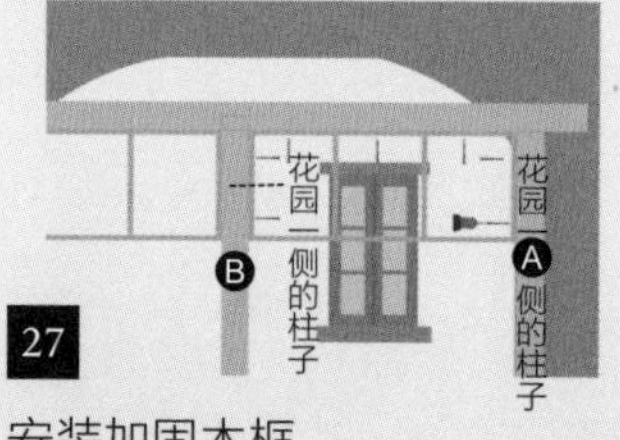

安装加固木框

用螺钉固定。

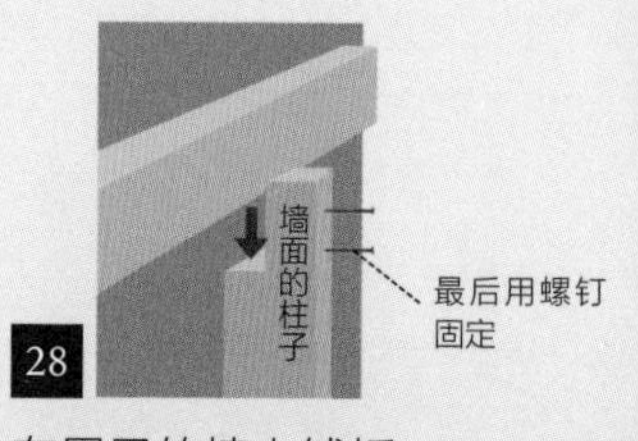

在屋子的墙上铺板

墙面要是抹水泥或者贴瓷砖的话，在步骤 11 时完成的墙壁部分柱子那里预设一个贴墙板。校准铅垂线，在板左边需要固定的位置用笔画一道印迹。

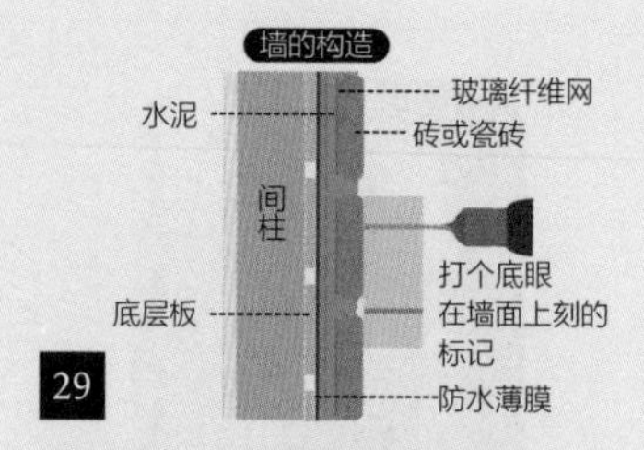

在墙面用到螺钉的地方做标记

对准步骤 28 在 A 接墙板的左边做的记号，用细电钻打通后就成了留在墙上的记号。墙面大约宽 6 m，所以要用两张接墙板固定。

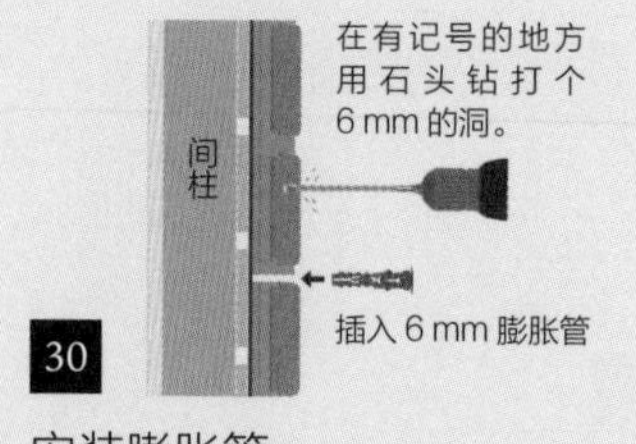

安装膨胀管

在有记号的地方用石头钻打个 6 mm 的洞。插入 6 mm 膨胀管。

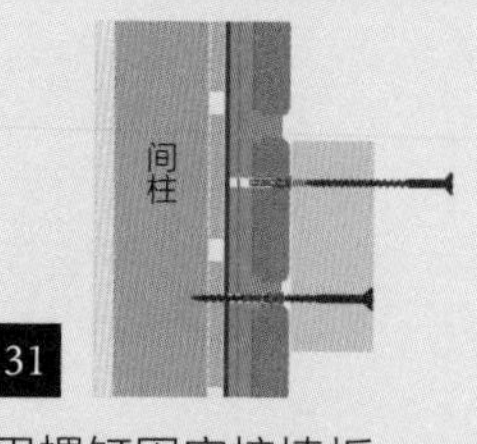

用螺钉固定接墙板

用直径 6 mm 的不锈钢螺钉固定 A 接墙板。墙壁是木板或护墙板的话，就不用膨胀管了。用墙壁探测仪找出间柱并用螺钉固定。

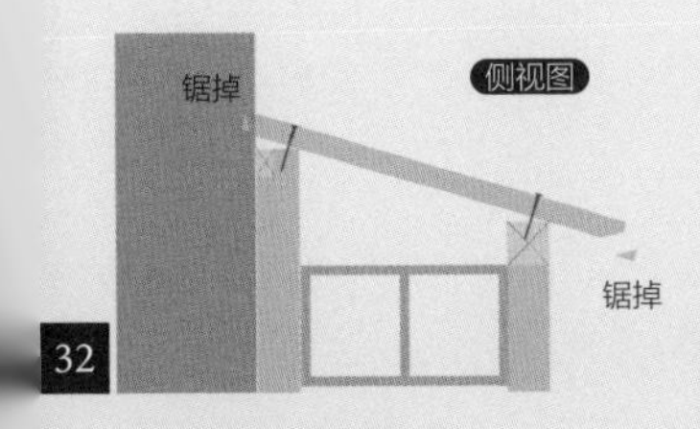

椽子的切割与安装

斜着切割椽子靠墙的部分和前端。腾出来 30 ~ 40 cm 的间距用螺钉固定在横梁和接墙板上。

盖上底板

用螺钉把杉野产的墙板底板固定到椽子上。

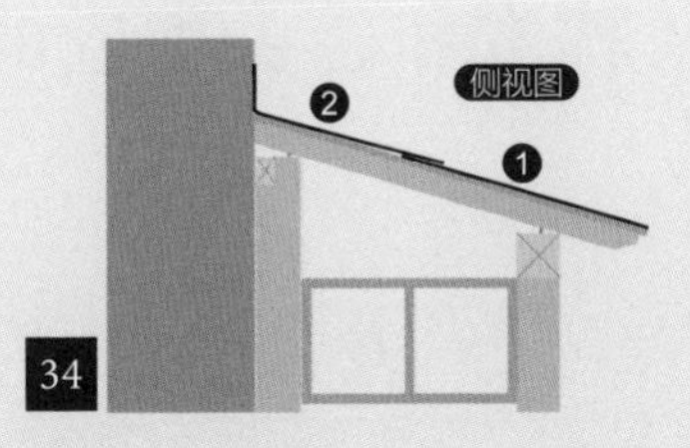

铺设防水薄膜

从 1 到 2 的顺序用铆钉枪把防水薄膜钉上。2 要盖在 1 上面，沿着墙面折叠一下。

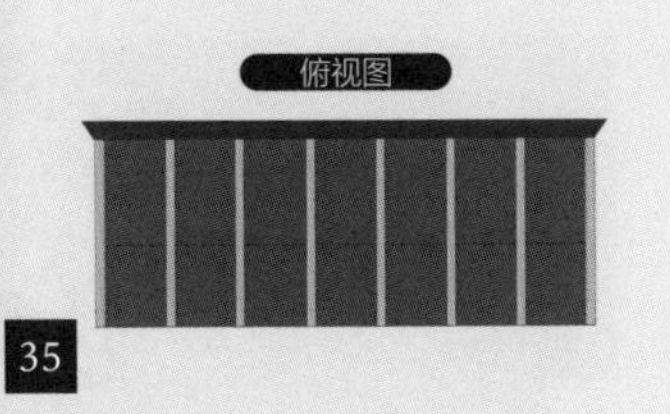

竖着搭上基础板

在步骤 32 时装好椽子的地方，用不锈钢螺钉装上基础板。

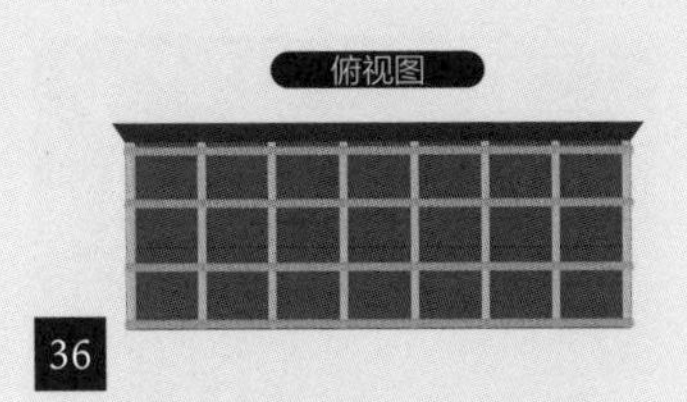

加装横向基础板

下一步用不锈钢螺钉固定横向基础板。这样一来，即便渗水也会从防水薄膜上流走。

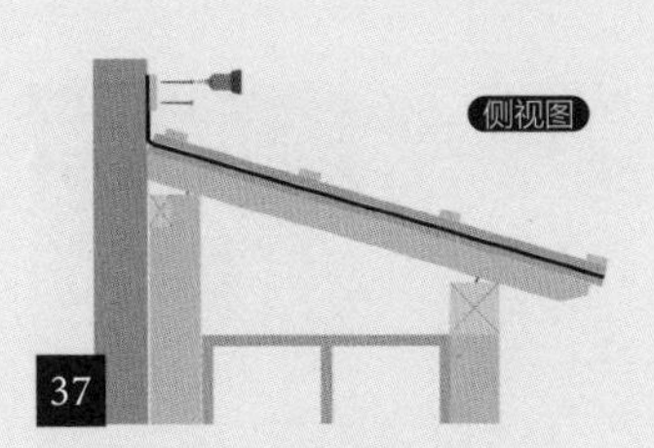

铺上房屋的墙面板

用步骤 29 到步骤 31 作为参考。把 B 接墙板装上。放在防水薄膜上，并且在方木材下面留出能放入镀锌板的空间。

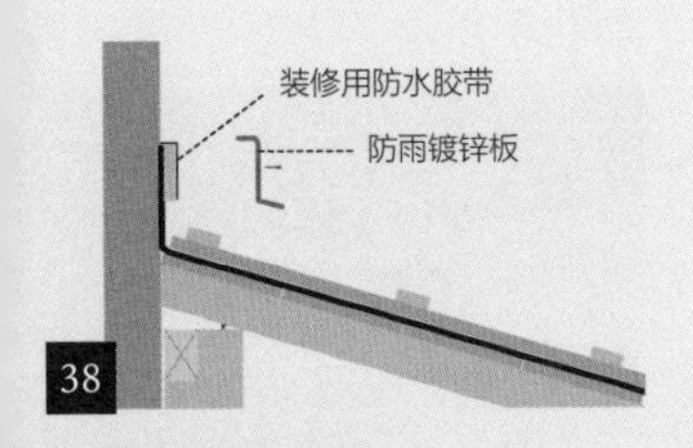

安装防雨镀锌板

把装好的 B 接墙板贴上防水胶带，再用不锈钢螺钉安装防雨镀锌板。

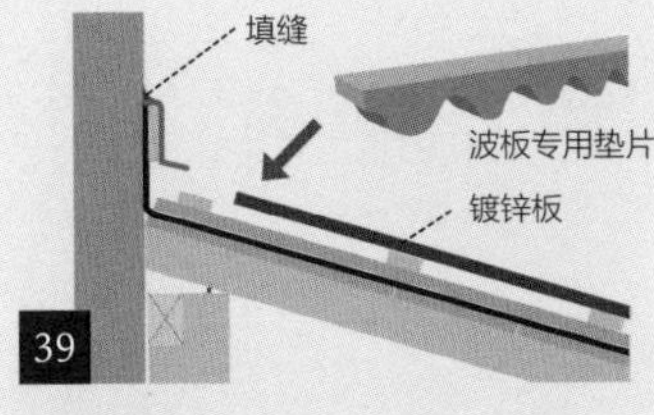

加装垫片

对防雨镀锌板与墙壁之间的空隙进行填缝。撕下波板专用密封垫片（海绵）的双面胶，贴到防雨镀锌板上，再用镀锌板贴紧墙壁。

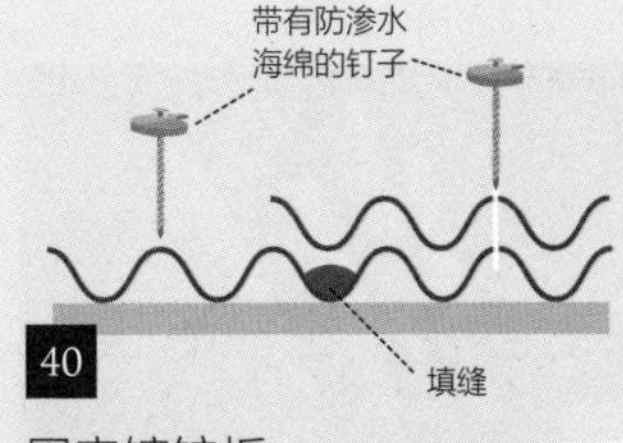

固定镀锌板

钉在镀锌板凸起的部分。重叠的地方，如果事先用金属专用电钻打好孔的话会钉得轻松一些。夹了 3 层，预防渗水要堵缝。

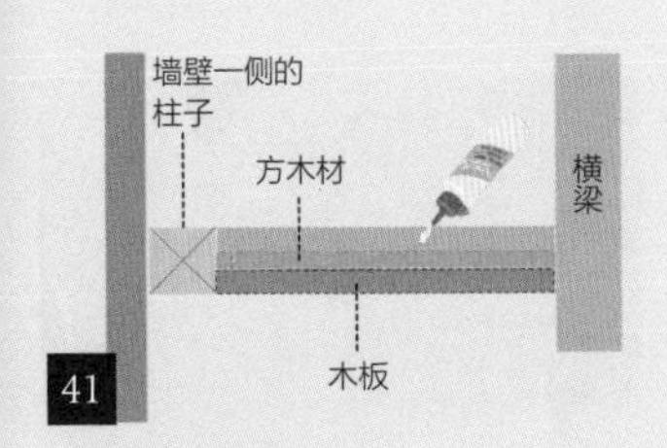

堵住侧上方

两边的侧上方容易漏雨，用木板挡上。考虑到木板的厚度，方木材用强力胶粘上。主要是想让外部显得整齐。

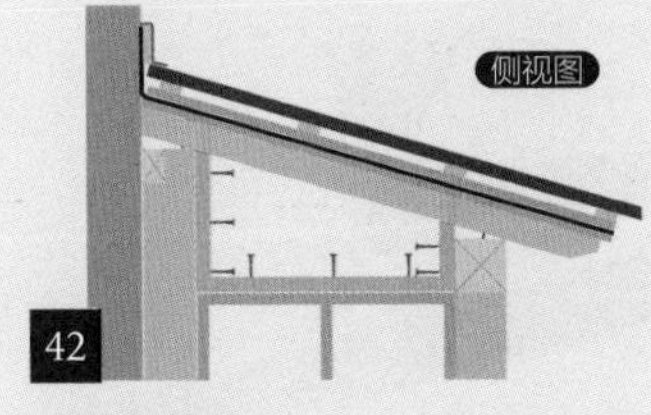

螺钉加固

胶干后，立刻用螺钉加固。

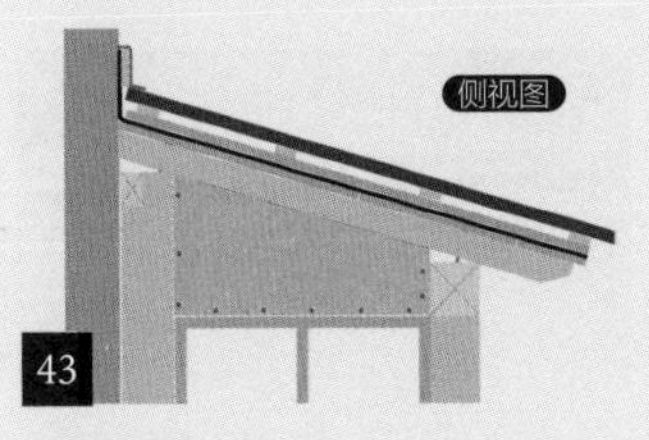

贴上强化板

根据实际情况裁剪木板，再用强力胶粘上。胶干后拿螺钉固定。最后涂上防腐涂料。

枕木和砖头砌成的台阶

制作用时：6 小时（干燥 1 周）
预算：9000 日元
→第 93 页

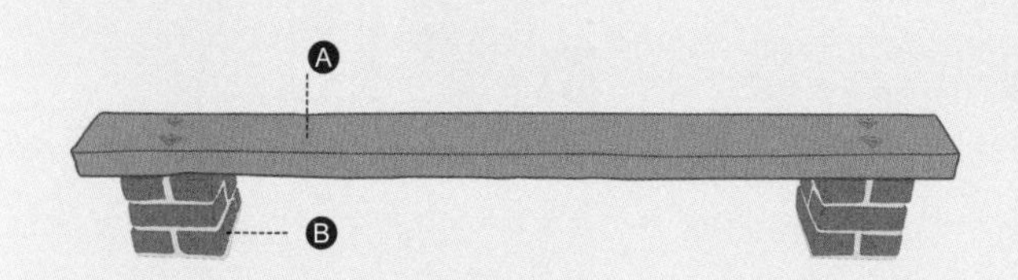

材料

A 枕木（高 75× 宽 200× 长 2000）1 根
B 砖（高 60× 宽 210× 深 100）12 个

工具及其他材料

水泥、河沙、碎石、建筑用螺栓（4 个）、水平尺、水泥方槽、水泥盛板、填缝剂、汽车用方形塑料螺母（4 个）、垫圈（4 个）。

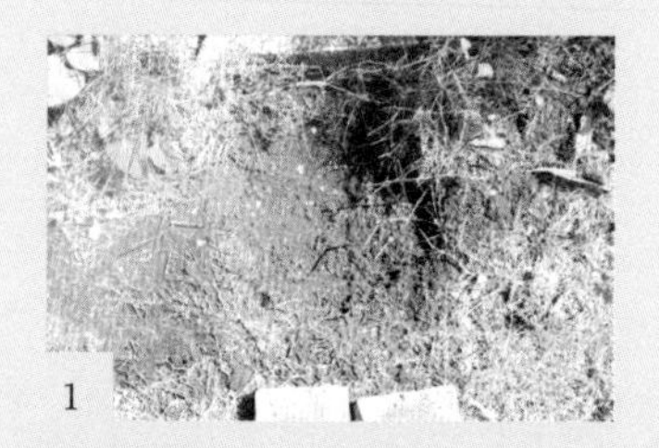
1

挖坑

找一处合适的位置作为地基，挖 25 cm 左右的坑。宽度相当于两块砖头的宽度。

2

放入碎石头

把碎石头倒进坑里，填充 10 cm 左右。再用木棒压实。

3

倒进混凝土

混凝土的比例是水泥 1、河沙 2、沙砾 3。倒进去后抹至和地面一样平。在还没完全凝固变硬时放上第一阶的两排砖头。

4

准备螺栓

准备好 4 个 150 mm 长的建筑用螺栓。为免损坏，要事先缠好防护胶带。

5

砌砖头

用水泥 1、河沙 3 的比例来做水泥砂浆。在步骤 3 的基础上用水泥砂浆来砌砖头。把螺栓垂直插入第 3 层的接缝里。螺栓露出 1.2 cm 左右即可。

6

检查是否平整

在砌另一侧砖头时，便捷的方法是架上一块板子用水平仪边测量边调整高度。用湿海绵擦掉溢出的水泥砂浆。

7

等待凝固

两边都砌好砖头后，揭下防护胶带。等一周左右，让水泥砂浆完全凝固。

8

打孔

在步骤 7 的砖基础上面放上枕木。再用锤子轻轻敲打，木头背面就会留下螺钉的印记。瞄准这里用电钻打插入螺钉的孔。

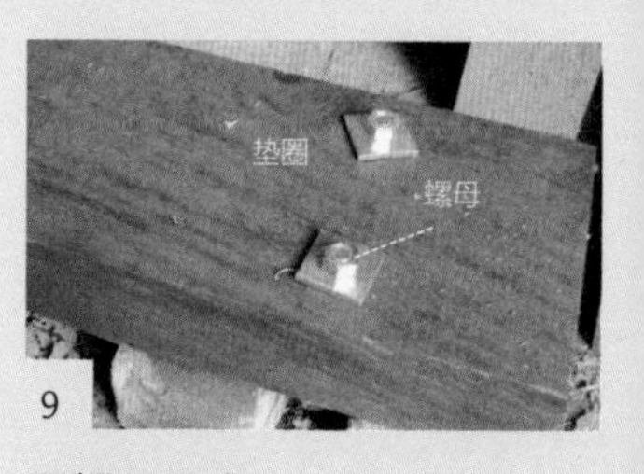

9

用螺母固定

用螺母和垫圈把枕木固定到砖头上。虽说枕木很耐用，可是出于安全方面的考虑，还是建议定期涂上一些防腐涂料。

朴素的葡萄架

制作用时：4 日　　预算：50000 日元　→第 99 页

材料：

A 柱子：扁柏木（高 90 × 宽 90 × 长约 3000）5 根
B 横木：扁柏木（高 28 × 宽 110 × 长约 2400）4 块
C 横梁：SPF 防腐材料（高 38 × 宽 89 × 长 4200）4 块
D 椽子：扁柏木（高 40 × 宽 85 × 长 3000）8 块
E 加固材料：柏木（高 28 × 宽 110 × 长 600）8 块
F 托座：（高 35 × 宽 132 × 长 132）5 块
G 球帽柱头：（高 80 × 宽 80 × 长 142）5 个

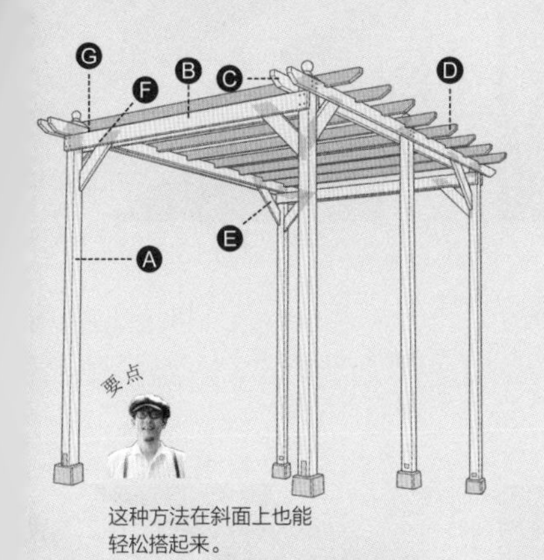

这种方法在斜面上也能
轻松搭起来。

工具及其他材料

预埋钢板、强力胶、建筑用螺栓（120 mm）5 个、
砖（高 60 × 宽 210 × 长 100）× 40 块、细线、带有预埋钢板的基石（高 120 × 宽 150 × 长 150）5 块、水泥、河沙、沙砾、碎石、防腐涂料。
※ 尺寸后加“约”的地方，请结合实际情况使用。

实际情况

因为我家有排水管，所以搭的时候要绕开它。又因为厨房有凸窗，所以只需要立 5 根柱子。

铅垂线和预设

把碎石压实，参考 108 页的水泥砂浆施工。先利用立柱子的四个角，拿铅垂线弄出一个四边形。预设基石和砖。

砌砖

基石位置定下来以后，用水泥砂浆砌砖。在基石下面砌砖是因为下雨会把泥溅到柱子上导致其腐烂。

地面倾斜程度

把水平线的两头对齐步骤 1、2、3 立柱子的地方，再拿水泥砂浆固定带有预埋钢板的基石。如果有钉帐篷用的地钉的话，固定细线时就更轻松了。

预设柱子

预设 A 柱子。先保持原样，长度之后可以再调整。在预埋钢板中间有洞的地方，用铅笔做个记号。

钻孔

在步骤 5 做记号的地方，钻一个插螺栓的孔。一定要装建筑用螺栓，因为无论是它的硬度还是持久性都十分出色。

安全调节水平

立起来面前 3 根 A 柱子后，先试着用夹紧器固定一下 C 横木。高度适当即可。但是一定要注意水平度。

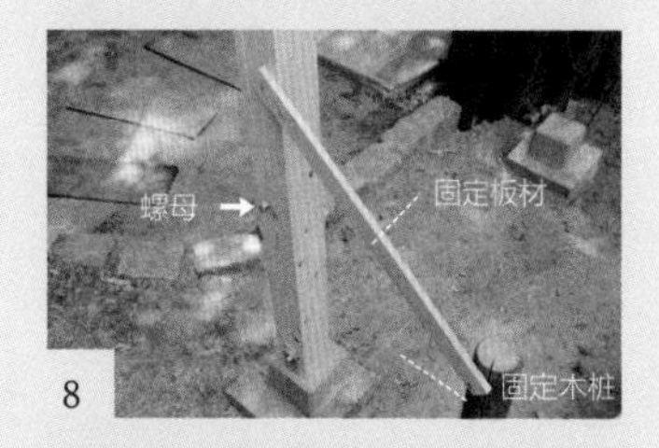

检查是否垂直

在 A 柱子上面钉上钉子。再放下一条挂着螺母的细线查看是否垂直。为了防止高柱子摇晃，钉上木桩后用板材暂时固定一下。

做记号

确认水平度之后，用铅笔画上线。把这条线当作平整的地面（作为水平线）以此为准来切割 A 柱子。

预先安装整体

用同样的方法把柱子都立起来，用螺栓和板子暂时固定。确认一下水平度和垂直度。以里面最长的 A 柱子作为标准，进行切割。

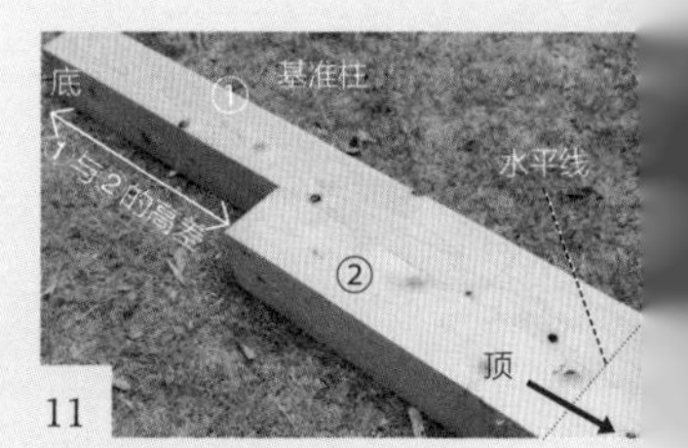

切割柱子

标准柱子②部分的水平线比对着①部分的水平线，把箭头前面的切掉。其他柱子也一样。

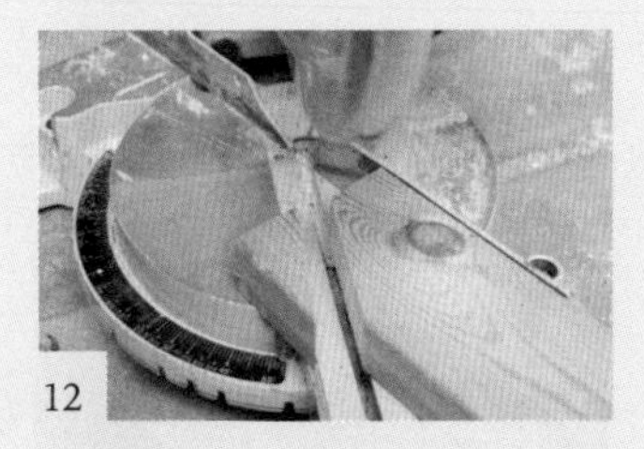

切割横木

斜着切割 C 横木的两头。同样把 D 椽子的两头也切了。

刻出咬合部分

为了安装 D 椽子要刻出咬合的地方。4 根 C 横木用夹紧器固定，再用圆锯刻出深 30 mm 的凹槽。

用凿子剜

沿着步骤 13 的凹槽，用凿子剜出来。提醒一下，虽然用锤子也能敲出来，但切口会不平整。

涂抹防腐涂料

因为只涂抹一次的话，涂料不会深度渗透木材，所以要细心地再次对所有的木材切口进行涂抹。二次涂抹后晾干。

暂时固定横梁

一个人安装 C 横梁相当费劲，但要是架在夹紧器上的话就可以了。用不锈钢螺钉固定的时候，要一边用水平仪检查是否垂直，一边固定。

用螺钉固定横梁

因为要安装四个地方，所以只要在装上一根之后，一边确认相反方向的柱子是否垂直，一边安装就可以了。

安装横木

固定好正面的 C 横梁之后，侧面的 B 横木也一样用不锈钢螺钉进行固定。

制作加固材

为了把 E 加固材装在横梁上，接下来要对其进行加工。根据实际情况把两头呈 45 度角切割。上图的做 法是为了让柱子上的螺钉头不凸出来，正在打 10 mm 左右深的底孔。

安装加固材

用不锈钢螺钉把 E 加固材装到 A 柱子和 C 横梁上。这是在四个地方装好后的样子。

21

椽子的固定

把 D 椽子插到 C 横梁的槽子里。再用不锈钢螺钉固定。

22

装上椽子

若把螺钉拧到 D 椽子的上方，下雨渗水会导致腐烂，所以参考步骤 19 用电钻打一个深 30 mm 左右的孔，从下面拧上螺钉。

23

固定加固材

因为这里相当不稳定，所以在面前和后面的 4 个地方再安上 E 加固材料。

24

用螺钉装上加固材料

装在柱子上的 E 加固材料上面也用不锈钢螺钉固定。底孔打斜点，再拧上螺钉。反面也用同样的方法安装。

25

在托座上开个洞

为了在木底板所用的 G 球帽柱头上的 F 托座上安装帽，要在此处打个底孔。

26

托座上的洞

因为拧上一次 G 球帽柱头就差不多知道圆形的大小了，所以为了安装托先打底孔。

27

安装球帽柱头

用螺钉把 F 托座装在 A 柱子上，再抹上强力胶，拧上柱头。

28

球帽柱头的作用

柱子的横切面最容易渗水，安装球帽柱头可有效保护柱子。虽然以后还需要更换横梁和椽子，但重要的是不能让柱子腐烂。

29

安装柱子

在预埋钢板的 4 个地方拧上不锈钢螺钉。至此就做完了。

两种锈铁皮屋顶鸟窝

制作用时：每个 3 小时　预算：2000 日元　→第 96 页

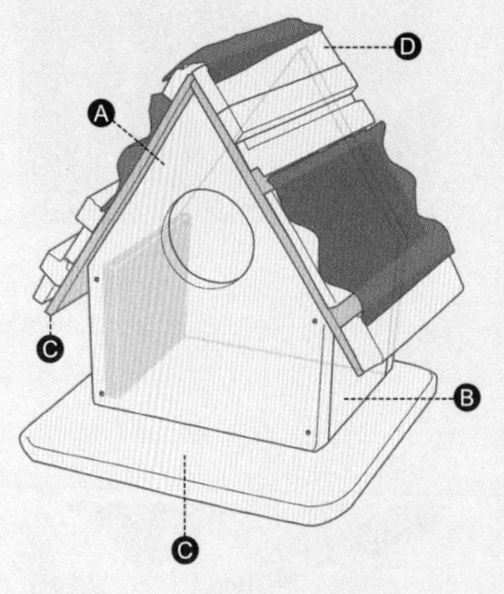

材料

A 箱子（正面和背面）：杉木（高 12 × 宽 130 × 长 170）2 个
B 箱子（侧面）：杉木（高 12 × 宽 90 × 长 75）2 个
C 屋顶基础：胶合板（高 3.6 × 宽 130 × 长 155）2 块
D 屋顶：边角料（高约 12 × 宽约 25 × 长 135）约 9 根
E 底座：杉木（高 12 × 宽 180 × 长 175）1 个

工具及其他材料

强力胶、防裂螺钉、锈铁皮、剪铁专用剪刀、打孔器、水性漆、钉子。
※ 尺寸后加"约"的地方，请结合实际情况准备材料。

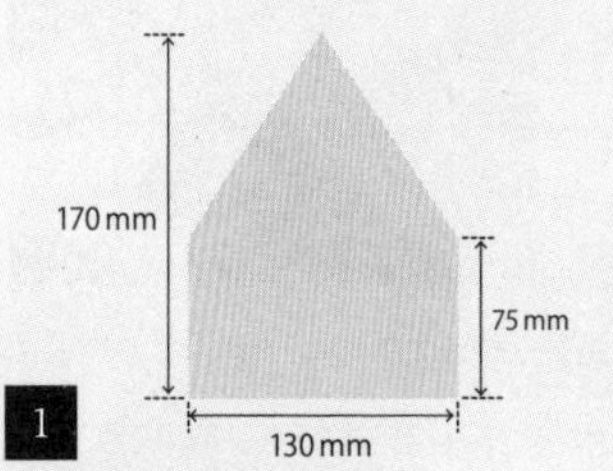

1

切割箱子

倾斜着切割 A 箱，做两个房子形状的墙面。

2

开一个入口

用打孔器开一个鸟能进出的孔，要注意鸟的种类决定孔的大小。

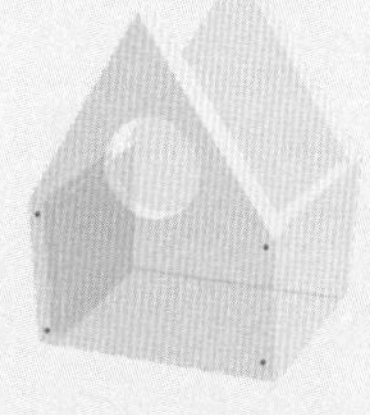

3

制作箱子

A 箱（前后）、B 箱（侧面）用强力胶粘上。再用防裂螺钉固定。如果想要两种颜色的话，要提前刷好。

4

制作屋顶

C 屋顶基础由铁皮和 D 屋顶板黏贴而成。胶干了之后，从里面用螺钉固定。切割铁皮时注意别受伤。

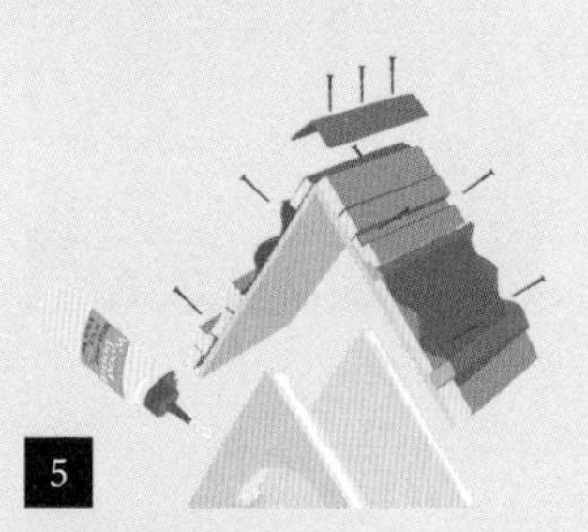

5

安装屋顶

把屋顶用强力胶粘到箱子上。从外面拿螺钉固定。在弯成字母 L 形的铁皮上打孔。再钉在屋顶的上面。

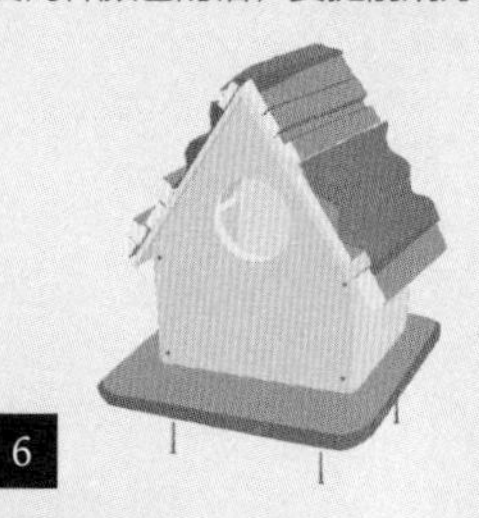

6

安装底座

从下面用螺钉安装 E 底座。使用对小鸟没有伤害的水性漆。

要点

圆孔直径需根据鸟的类别而改变。小山雀大约 28 mm，麻雀 30 mm，灰椋鸟大约 55 mm，顺便说一下，猫头鹰是 150 mm。小鸟要是能来做客，就太棒了。

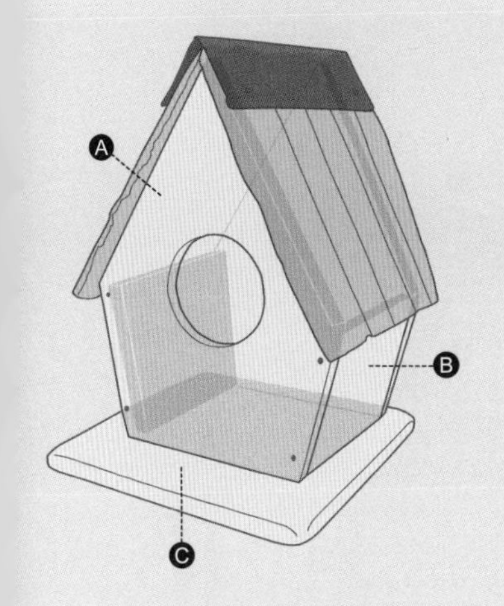

材料：

A 箱子（正面和背面）：杉木（高 12 × 宽 165 × 长 230）2 个
B 箱子（侧面）：杉木（高 12 × 宽 110 × 长 100）2 个
C 底座：杉木（高 12 × 宽 180 × 长 195）1 个

工具及其他材料

强力胶、防裂螺钉、锈铁皮、钉子、剪铁专用剪刀、打孔器、铁质截水槽（L 形）、水性漆。

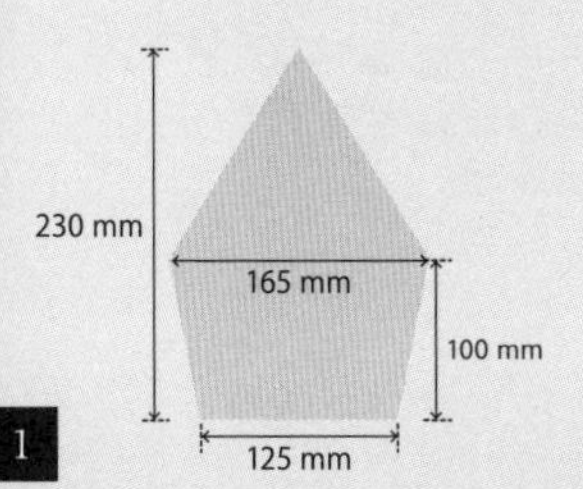

1

切割箱子

倾斜着切割 A 箱，做两个房子形状的墙面。

2

开一个入口

用打孔器开一个鸟进出的孔，要根据鸟的种类决定孔的大小。

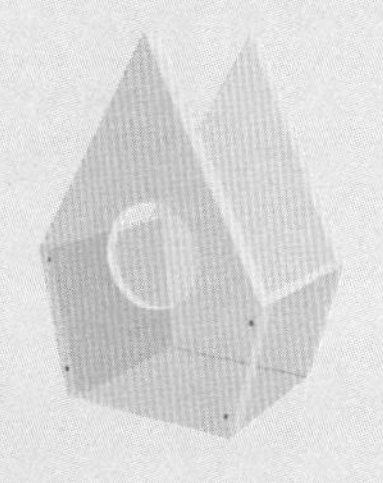

3

制作箱子

A 箱（前后）、B 箱（侧面）用强力胶粘上。再用防裂螺钉固定。如果想要两种颜色的话，要提前刷好。

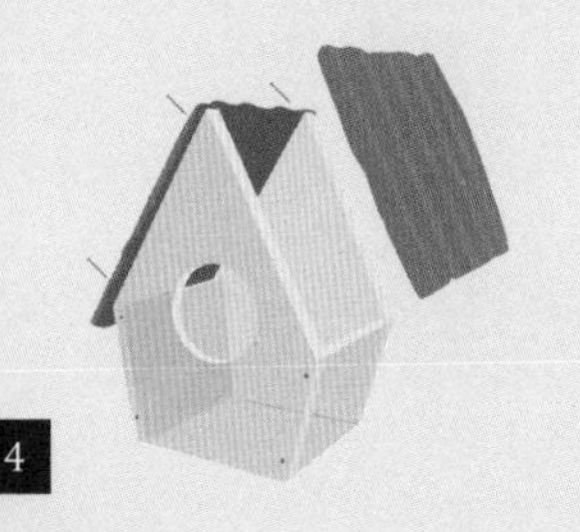

4

安装屋顶

把屋顶用螺钉固定在箱子上。

5

安装 L 形铁皮

把市面上卖的用于截水槽的 L 形铁片安在屋顶上。提前钻好孔再钉上。

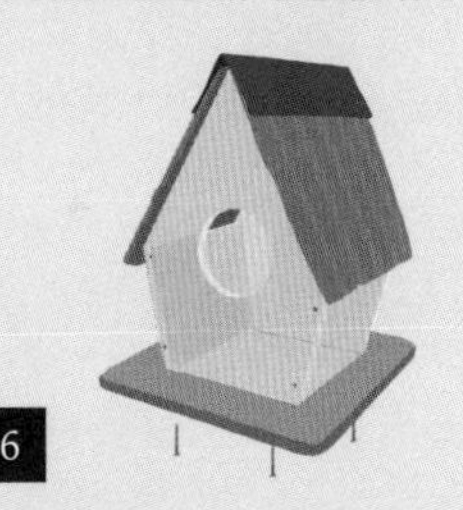

6

安装底座

从下面用螺钉安装 C 底座。考虑到小鸟的安全，不要用防腐涂料，选择水性漆。

一目了然的工具室

制作用时：30 日　预算：45 000 日元　→第 97 页

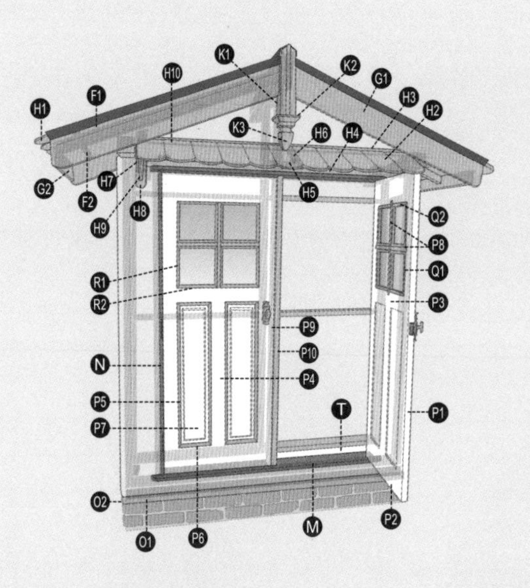

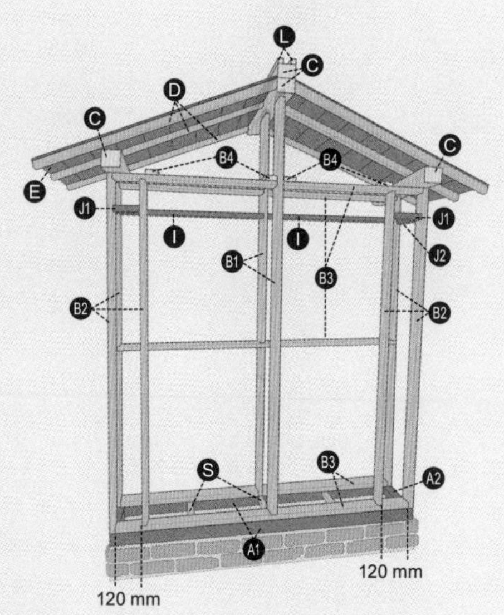

材料

A1 底座（正面和背面）：扁柏木（高 90× 宽 90× 长 1846）2 根
A2 底座（侧面）：扁柏木（高 90× 宽 90× 长 555）2 根
B1 中央柱：SPF（高 8 × 宽 89× 长 2060）2 根
B2 侧面柱、门柱：SPF（高 38 × 宽 89× 长 1840）6 根
B3 横木：SPF（高 38 × 宽 89× 长 1770）5 根
B4 加固材料：SPF（高 38 × 宽 89× 长 555）4 根
C 正梁：杉木（高 90× 宽 90× 长 850）4 根
D 椽子：赤松（高 35× 宽 45× 长约 126）6 根
E 屋面板：杉木（高 12× 宽 180× 长约 850）14 块
F1 檩条：赤松（高 15× 宽 45× 长约 126）6 根
F2 檩条：杉木（高 30× 宽 40× 长 850）14 根
G1 封檐板：SPF（高 19× 宽 160× 长约 1400）4 个
G2 封檐板：SPF（高 19× 宽 140× 长约 900）2 个
H1 遮雨板材料：杉木（高 12× 宽 180× 长 400）70 个
H2 遮雨板材料：杉木（高 12× 宽 150× 长 330）11 个
H3 边角木：赤松（高 28 × 宽 28 × 长约 1500）1 根
H4 基础板：刨床加工木材（高 15× 宽约 75× 长约 1500）1 个
H5 雨棚支架 1：赤松（高 20× 宽 30× 长 150）1 根
H6 加固板：美国松木（高 15× 宽 42× 长 240）1 个
H7 屋面板：杉木（高 13× 宽 90× 长 1625）3 个
H8 台座：美国松木（高 15× 宽 65× 长 300）2 个
H9 雨棚的支架 2：水曲柳（高 22× 宽 180× 长 210）2 个
H10 压着雨棚的木材：赤松（高 15× 宽 30× 长约 1500）1 根
I 胶合板：刨床加工木材（高 38× 宽 25× 长约 825）2 根

J1 胶合板（侧面）：切割木材（高 38× 宽 25× 长约 480）2 根
J2 胶合板（侧面）：切割木材（高 38× 宽 25× 长 120）2
K1 装饰柱：杉木（高 90× 宽 90× 长 370）2 根
K2 托底：（高 35× 宽 132× 长 132）2 根
K3 柱头：（高 80× 宽 80× 长 142）2 个
L 镀锌铁皮的按压物：杉木（高 30× 宽 40× 长 380）2
M 门框（上下）：扁柏木（高 34× 宽 130× 长 1450）2 根
N 门框（左右）：SPF（高 19× 宽 89× 长 1700）2 根
O1 装饰线条（前后）（高 21× 宽 40× 长 1820）2 根
O2 装饰线条（左右）（高 21× 宽 40× 长 610）2 根
P1 门框（左右）扁柏木（高 40× 宽 85× 长 1690）4 根
P2 门框（上下）：扁柏木（高 40× 宽 150× 长 470）4
P3 门框（中央）扁柏木（高 40× 宽 85× 长 470）2 根
P4 门框（纵中央）扁柏木（高 40× 宽 85× 长 830）2 根
P5 门装饰线条（纵）：（高 15× 宽 15× 长 830）8 根
P6 门装饰线条（横）：（高 15× 宽 15× 长 190）8 根
P7 门板：SPF（高 19× 宽 193× 长 830）4 根
P8 窗框（纵横）赤松（高 20× 宽 40× 长 515）4 根
P9 门挡（高 14× 宽 14× 长 171）2 根
P10 附加材：切割木材加工材（高 38× 宽 38× 长约 1700）1 根
Q1 框条（纵）：松木（高 16× 宽 16× 长约 230）16 根
Q2 框条（横）：松木（高 16× 宽 16× 长约 230）16 根
R1 玻璃装饰线条（纵）：（高 12× 宽 12× 长约 230）16
R2 玻璃装饰线条（横）：（高 12× 宽 12× 长约 230）16
S 搁栅：杉木（高 36× 宽 45× 长约 380）3 根
T 地板：杉木（高 12× 宽 180× 长约 1845）2 根

工具和其他材料：

木工胶、不锈钢螺钉、防裂螺钉、镀锌铁皮用钉、螺钉、暗钉、木销子、把手 2 个、碰锁 2 个、合页 6 个、彩色玻璃（高 2× 宽约 225× 长约 225）8 块、水平器、细线、密封器、盛板、抹泥刀、镘刀、刮刀、着色剂（水性油漆）、油漆、硅藻土、搅拌机、金属网、防水胶带（两面）、玻璃纤维网（防止裂纹）、防水布（沥青屋面）、钉枪、古釜、耐火砖（高 65× 宽 230× 深 114）18 个、建筑用螺钉 7 个、基础垫圈 10 个、构造用胶合板（高 9× 宽 910× 长 1820）5 个、镀锌板制的截水槽（L 形）4 个、镀锌板（正梁用）（高 50× 宽 90× 长约 950）1 个、L 形、T 形加固小五金、沙砾、河沙、水泥、防腐涂料。尺寸中带有“约”的，请根据自己的情况决定尺寸。

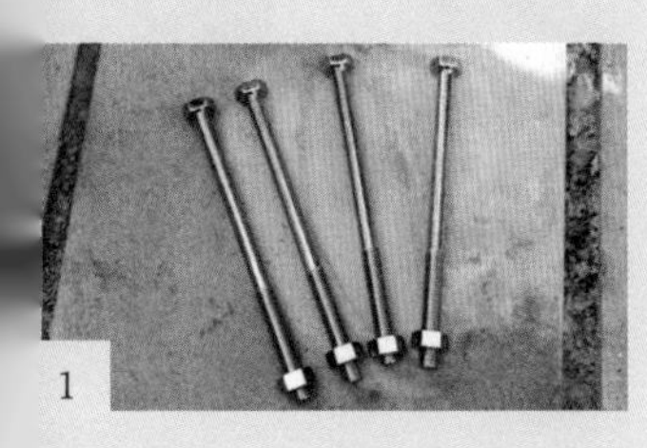

1

把螺栓埋在地基里

准备 7 根长 180 mm 的建筑用螺栓，埋在砖的夹缝里。一定要用水平仪检查是否垂直。

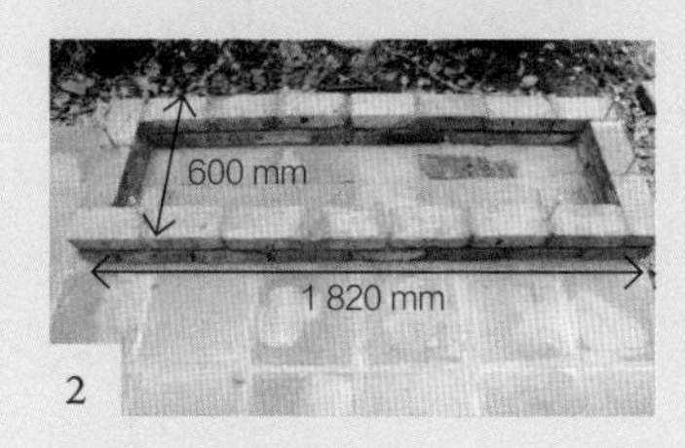

2

用砖做地基

用砖做地基（参照第 124、125 页）。

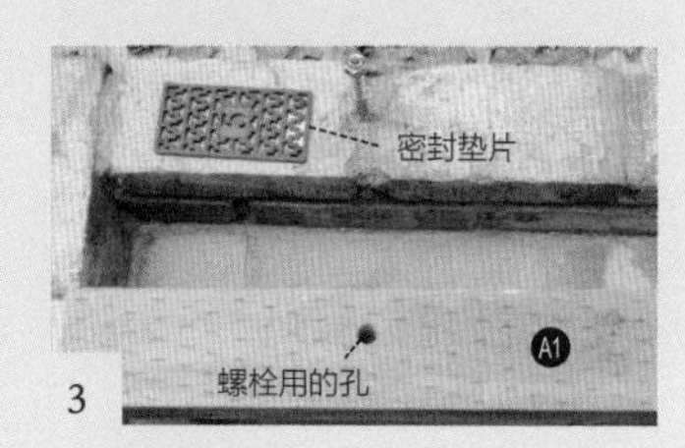

3

安装底座

用螺栓固定底座，为了防止潮气，中间夹 10 张垫片。

4

底座加固

如图所示，把 A1、A2 底座的角拼合上。再用不锈钢螺钉固定。

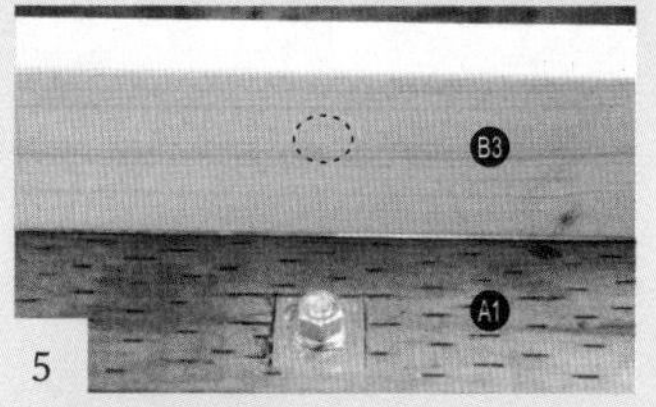

5

准备安装横木

因为横木安装到底座上时，螺钉帽太碍事。所以提前敲一个印出来，再打上孔。

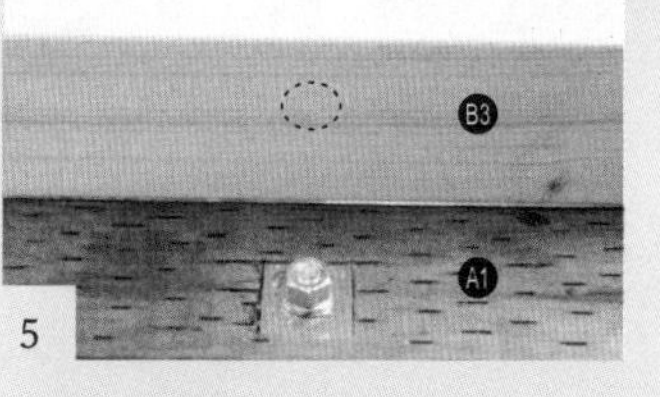

6

制作主体的木框

切割 B1、B2、B3 来制作主体木框。位置会用星号标记在步骤 7 和 8 里。

7

木框的背面

暂时装上 B1、B2、B3。虽然这个状态不结实，但是对于新手来说后期加固的时候要容易些。

8

木框的正面

暂时装上 B1、B2、B3。用不锈钢螺钉固定 A1 底座，用螺钉将 B2 侧面柱子固定到两边。门柱距离边缘空出来 120 mm。

9

装加固材

把在步骤 7 到 8 中做好的木框装到 A1、A2 的底座，并在中间弄两个加固材。临时固定两边。

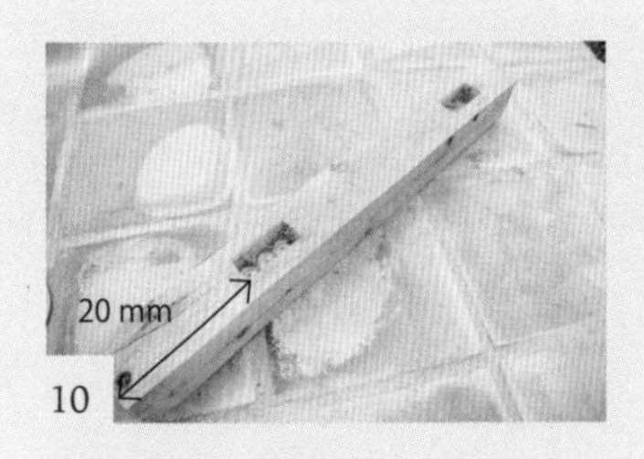

加工正梁

因为中央柱子要插到正梁上，所以需要对正梁进行加工。用粗钻头打几个 30 mm 深的孔。再用凿子修整成四边形。

安装正梁 1

用木工专用强力胶和螺钉固定。由于我家距离地面太近，所以背面的屋顶部分短。一般情况下，与正面一致就行。

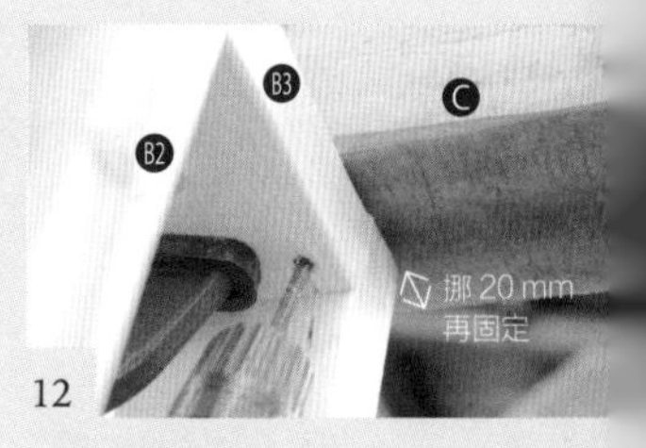

安装正梁 2

摘下步骤 9 在两边装上的加固。用螺钉固定 C 正梁。考虑到涂层的厚度，要把 C 朝外挪出一点。朝外挪出 20 mm 后装上。

装上复合板

根据实际情况将复合板裁剪后装在木框上。底座也一起装。除了门以外四面都铺上板。胶合板的高度要低于木框的高度。

装椽子

按照实际情况斜着切割口椽子，再用螺钉固定到 C 正梁上。拿凿子抠出两边椽子的凹槽即可。

装屋面板

把 E 屋面板用螺钉固定到 D 椽子上，钉得歪一点就不容易脱落了。

固定加固材

用螺钉将步骤 9 中预装好的 B4 固定在图中位置（稍稍靠内侧）。

安装胶合板支架

用支架补充胶合板所差的高度。将 I、J1 和 J2 切割成合适的尺寸（稍紧），用胶和螺钉固定。

贴防水布

墙面的胶合板全部安装完后，将防水布切割成合适的尺寸，用防水胶带固定在屋面板上。用螺钉将 F1、F2 檩条固定，注意须与 D 椽子相接。

19

安装正梁 3

为了安装镀锌板（正梁用），要再安装一根正梁保证高度。用钻头在正梁上钻一个正梁厚度一半深的孔，再用螺钉固定。

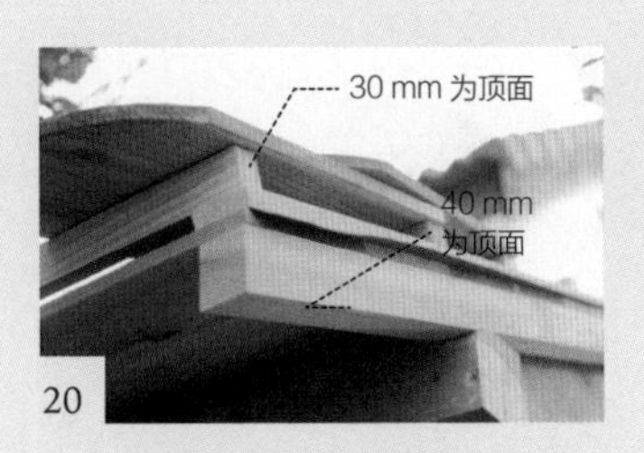

20

安装屋顶材料 1

将 H1 屋顶材料按由下到上的顺序，用螺钉固定。螺钉要钉在板材重叠处的下面，以防被雨水浸湿。

21

安装屋顶材料 2

为防止木材腐烂，刷 3 遍防腐涂料。杉木材质的屋顶必须定期更换。如果觉得加工木板很麻烦的话，可以考虑使用镀锌板。

22

贴防水胶带

用螺钉固定好 L 镀锌板架，在其侧面和屋顶材料接合部贴上防水胶带。

23

贴防水布

将防水布折叠成相应形状后贴好。虽然很简单，但能有效防止横向飞来的雨水渗入。

24

安装正梁上的镀锌板

在镀锌板侧面打几个直径 1.5 mm 左右的小孔，再用螺钉固定。

25

安装 M 门框

用胶将 M 门框上下两端与木屋主体黏合，在不显眼的地方用防裂螺钉固定。

26

安装 N 门框

用胶将 N 门框上下两端与木屋主体黏合，在装门吸或合页的（不显眼的）地方打螺钉进行固定。

27

切割加工雨棚支架

用线锯来切割加工 H9 雨棚支架。圆弧部分的线条借助油漆桶比较容易画出来，保证角度即可，形状随意。

安装雨棚支架

用胶将 H9 雨棚支架黏合在 H8 台座上，用螺钉固定在雨棚位置的下方。

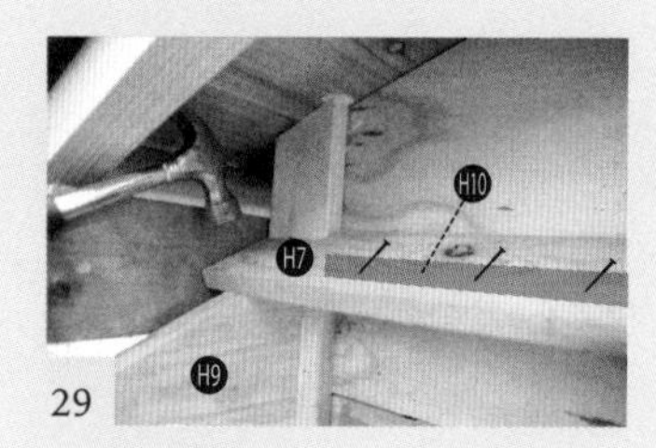

安装屋面板

用螺钉将 H10 压着雨棚的材料固定在墙面的胶合板上。切割加工 H7 屋面板，尺寸依实际情况而定，并将其固定在 H9 雨棚支架上。

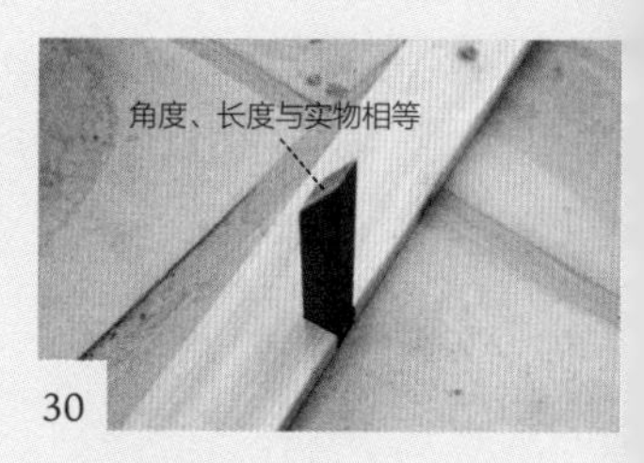

制作雨棚支架 1

屋面板可能会因为积雪的重量而弯曲，所以要在 H4 的中央位置安装 H5。

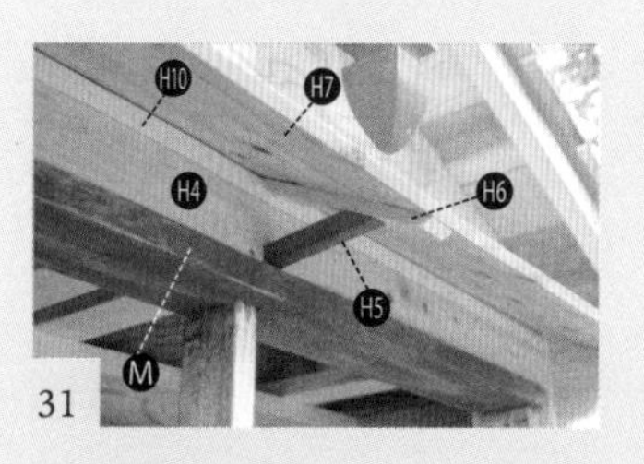

固定雨棚支架

将 H6 加固板安装在 H7 屋面板上，再将步骤 30 中制作的 H5 雨棚支架 1 固定好（从墙面内侧用螺钉固定）。

加工装饰柱

用手持圆锯加工 K1 装饰柱，不好切的地方用正常的锯子切就容易了。

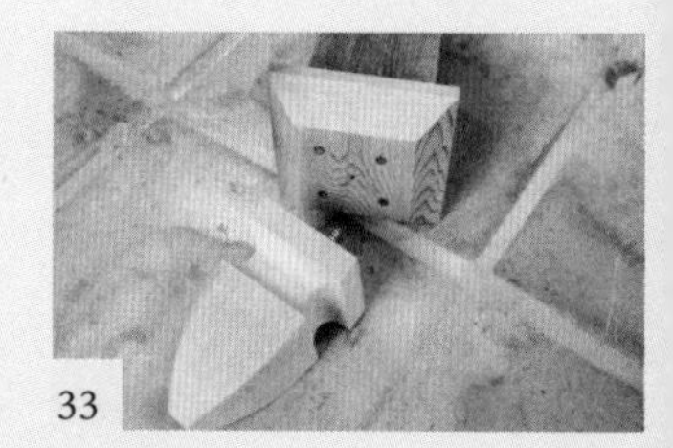

装饰

将 K2 托底、K3 柱头用胶和螺钉固定在 K1 装饰柱上。做两个，屋子前后各一个。

安装装饰柱

将 K1 上部按照镀锌板（正梁用）的尺寸加工成三角形，用螺钉固定。

装饰前面

将 O1 装饰线条加工成合适尺寸，对装饰柱前面进行装饰。中央部分使用 15 mm× 15 mm 的方木材。

安装封檐板

将 G1 封檐板加工成合适尺寸。为了不让 G2 封檐板边缘探出，用线锯将其边缘切成圆形。

37

安装截水槽

将镀锌板制的截水槽加工成合适尺寸，边缘斜切，用铁板钉将其固定在封檐板上部。

38

附加材

现在还没有装锁扣的地方，所以还要加装 P10 附加材，将其用胶和螺钉固定在 B1 中央柱上。

39

安装托梁

将 S 托梁固定在 A1 底座上，尺寸稍紧一些，在两端斜着打入螺钉固定。

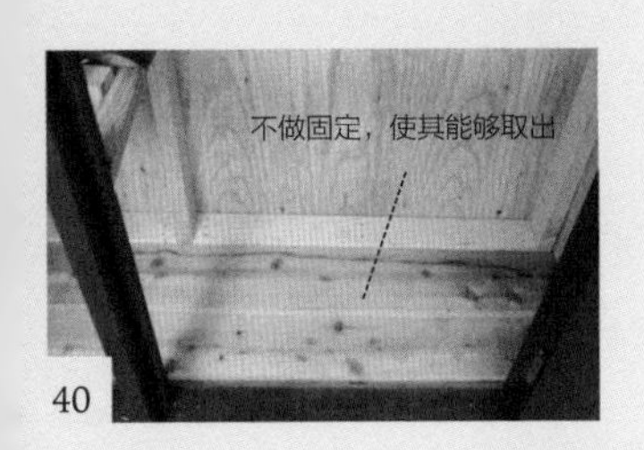

40

安装地板

按实际尺寸加工 T 地板。如果要放重物的话，可以用 19 mm 厚的 SPF 板。

41

安装防水布

测量遮雨板的尺寸，用切割机切下对应尺寸的防水布。按防水胶带、防水布的顺序贴上去。

42

安装边角木

用螺钉安装 H3 边角木。相当于设定了一个边线，涂砂浆时会容易些，效果也会更好。用螺钉安装 H2 遮雨板。

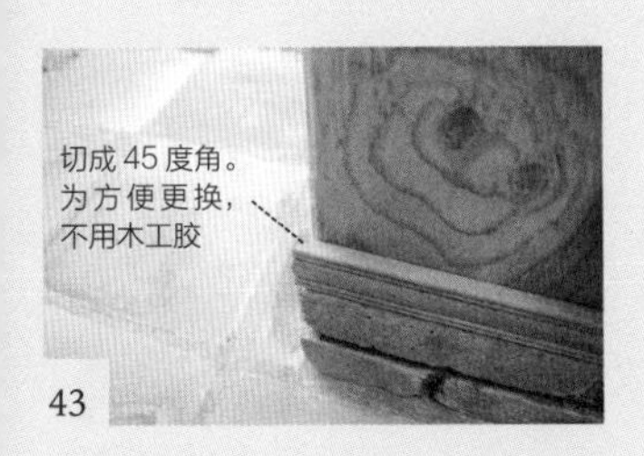

43

安装边线

使 O1、O2 装饰线条与砖砌的地基部分之间留出 5 mm 的间隙，打入防裂螺钉固定。

44

在墙面安装防水布

用木板钉枪把防水布由下到上钉在墙面上，上下两块防水布之间要有重叠。注意防水布宽度不要太大，太大的话容易松弛。

45

安装金属网

屋里所有墙面都贴好防水布后，为了在涂砂浆时能涂得更平整，要用钉枪在墙面装一层金属网。

涂砂浆

慢慢地把砂浆涂在金属网上，在砂浆半干时贴上玻璃纤维网。

制作涂料

把砂浆晾一个星期。表层涂料的砂浆比较软，所以加入充足的硅藻土搅拌之后再用（独创方法）。

着色

在步骤 47 里加入着色剂搅拌可以做出各种颜色的涂料，可以尝试一下。注意水溶性着色剂只要加一小点就能染色。

涂刷表层墙面

在步骤 46 的基础上快速涂刷涂料，趁干燥之前用抹子平整表面。墙角可以用橡胶铲来修整。

简便的装门方法

把沉重的门举到对应位置再装合页很困难，先把合页预装在P1门框上，取下来之后再按照钉眼装，这样就好装多了。

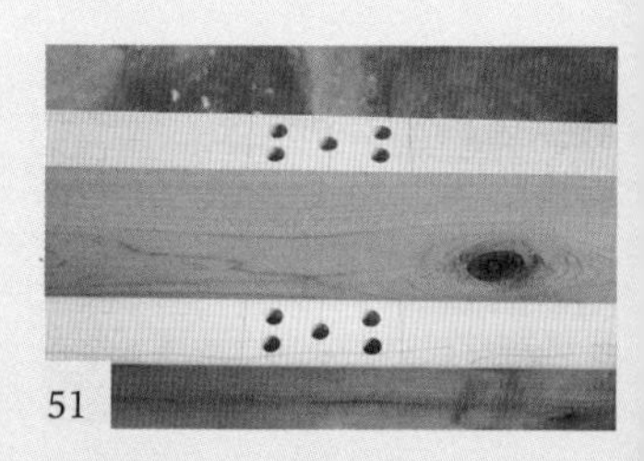

开榫眼

在 P1 到 P4 上开销孔。一般这项工作需要一定的榫接技术，但如果用木销子连接木框的话业余人士也可以完成。

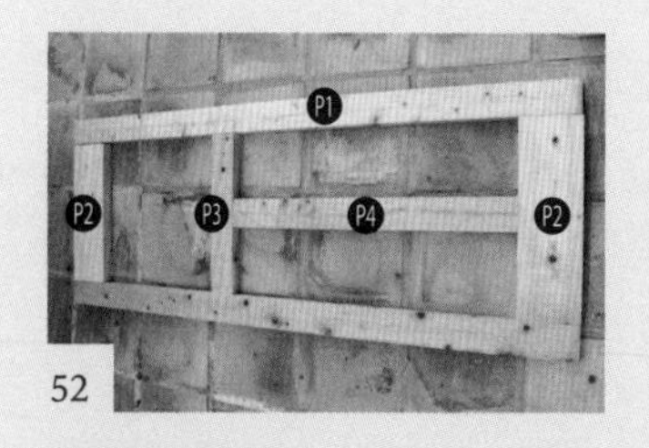

组装门的框架

将 P1、P2、P3、P4 门用木销子和胶组装起来。装好后，装在门框里试一试能否开关。

L 形、T 形加固部件

只用木销子连接框架的话持久性不好，所以用 L 形、T 形加固部件从内侧对框架进行加强。用木板加工机在框架表面切出沟槽，给加固部件留出位置，强度会更大。

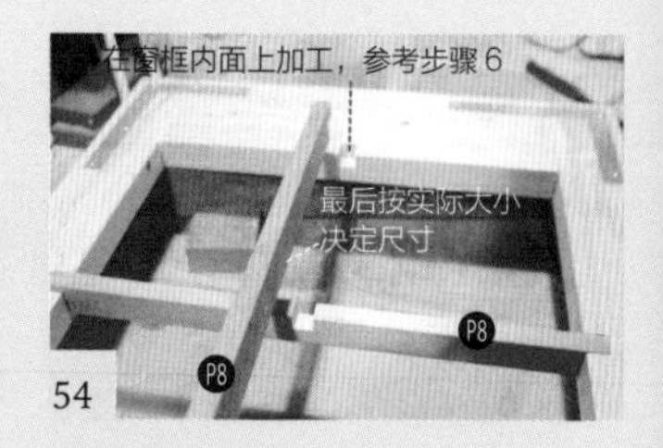

安装窗框

在窗框各部件的中央位置切出沟槽。P8 窗框的尺寸按实际大小决定，十字部分的位置最后确定。

55

贴装饰线条

把 P5、P6、R1、R2 装饰线条边缘切成 45 度，用胶和暗钉固定在窗框正面（一共 6 处）。

56

门板加工 1（任意）

将圆锯角度设为 60 度，在 P7 门板上切出沟槽。将垫板固定好作为尺子，比着它切出直线来。

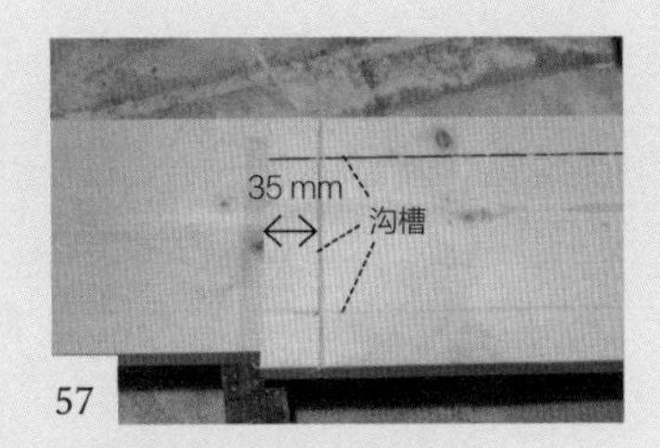

57

门板加工 2（任意）

上下左右都切好沟槽的状态，如此加工 4 片木板。

58

门板加工 3（任意）

用固定式圆锯切下步骤 57 中多余的部分。垂直切割比较困难，加上辅助物比较好。

59

门板加工 4（任意）

因为刀刃留下了一些痕迹，所以用砂轮把它打磨光滑。

60

门板加工 5（任意）

以加工过的面为外面，把木板拼在步骤 55 做好的框架上，用胶黏合，最后从内侧用防裂螺钉固定。

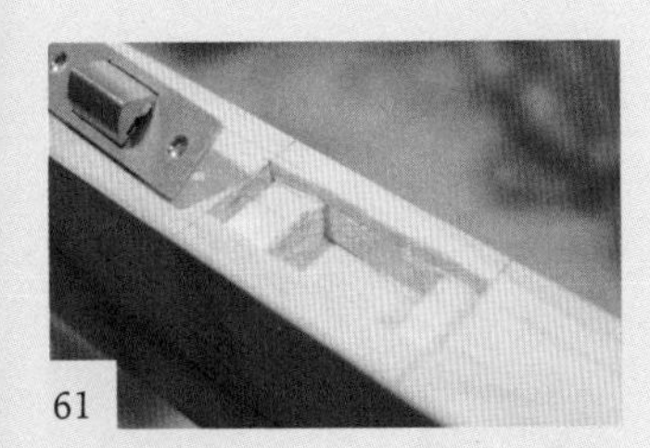

61

安装碰锁

用钻头开孔，用凿子加工，使碰锁能正好嵌入木板中。

62

安装玻璃

门上使用磨砂拼接玻璃，将玻璃放进窗框，按玻璃的尺寸做好 Q1、Q2 框条，用螺钉固定。

63

装门

装好门后在门上装上 P9 门挡，按照要放的东西的大小再安装的话，屋子会更好用。

院子里的主角——红砖比萨饼烤炉

制作时间：25 天 预算：100 000 日元

→第 100 页

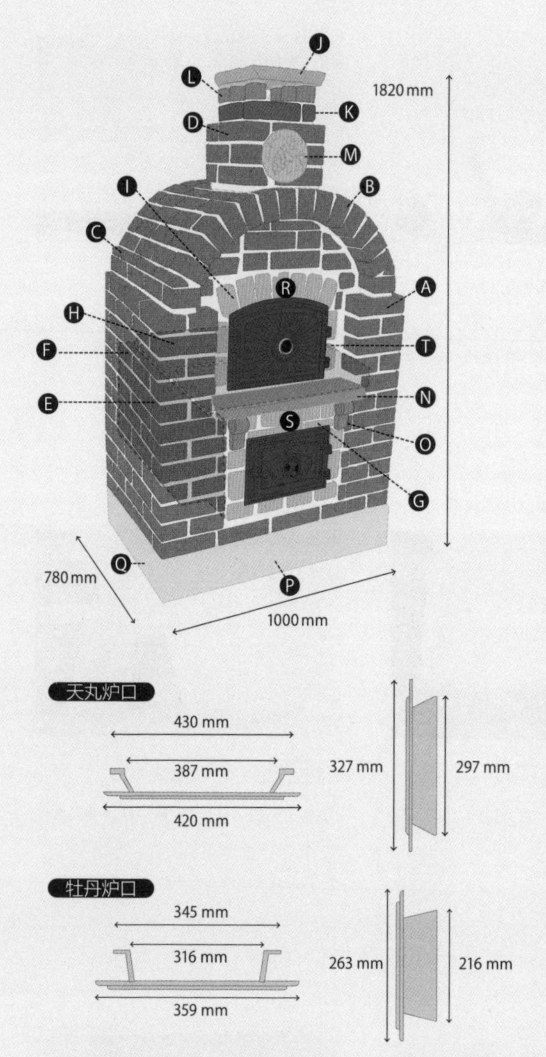

材料：

A 红砖（高 60 × 长 210 × 宽 100）70 块
B 红砖（方砖）（高 60 × 长 105 × 宽 100）24 块
C 红砖（扁砖）（高 30 × 长 210 × 宽 100）37 块
D 过烧砖（高 60 × 长 210 × 宽 100）71 块
E 耐火砖（高 65 × 长 114 × 宽 114）66 块
F 耐火砖（方砖）（高 65 × 长 230 × 宽 114）8 块
G 扁耐火砖（高 40 × 长 230 × 宽 114）2 块
H 大号耐火砖（高 65 × 长 685 × 宽 230）2 块
I 旧炉耐火砖（高 65 × 长 230 × 宽 114）20 块
J 砂岩石板（高 40 × 长 295 × 宽 295）1 块
K 黑砖（高 56 × 长 200 × 宽 50）4 块
L 方石（高 58 × 长 50 × 宽 56）6 块
M 陶土板（直径 180 × 厚 20）1 块
N 石板（高 40 × 长 600 × 宽 145）1 块
O 架脚（高 120 × 长 75 × 宽 40）2 个
P 空心砖（高 100 × 长 390 × 宽 190）4 块
Q 空心砖角材（高 100 × 长 390 × 宽 190）4 个
R 铁门：天丸炉口 12 号（高 327 × 长 420）1 个
S 铁门：牡丹炉口 10 号（高 263 × 长 359）1 个
T 比萨饼炉温度计：（最高 475 度，直径 60）

工具及其他材料

水泥、河沙、沙砾、碎石、耐火水泥 5 袋、铁丝网、钢筋、耐热涂料（黑）、石棉（住宅隔热材料）、杉木（高 30 × 宽 40 × 长 1 820）5 根、板子、水平仪、细线、密封机、板子、涂刷抹子、砌墙抹子、水槽、橡胶铲、帐篷地钉、洗车海绵、石头、铁管、空心砖、硅藻土、不锈钢螺钉。
※ 尺寸前有“约”字的请依实际大小确定。
周围买不到的工具推荐在网上购买。

确定烤炉位置

确定位置时，要考虑到烤炉重量很大，最好找个平坦结实的地方。这次定在了一处有 40 cm 高差的倾斜地上，尽量将土地弄平整。

建挡土堰

在内侧挖了 30 cm 深的坑，在里面填上碎石。为提高地面强度，又打进铁管灌上水泥加固。

测水平面，安放空心砖

向软管里通水，测量水平面。用细线标出水平面，沿着这个水平面摆一排空心砖。

摆放空心砖

本来计划只建一个步骤 2 那样的挡土堰就完了，后来又决定做更坚固的水泥地基。我家院里有地下排水管路，所以施工时一直要绕开管路。

倒入碎石

用空心砖围好轮廓，倒入碎石，踩结实。内侧的空心砖改成 2 层了，因为排水管在下面，所以在水管四周圈上一圈砖头。

放铁丝网

向轮廓内浇筑混凝土时，为了不使混凝土产生裂隙，在混凝土中放置了一张铁丝网，最后用砂浆做表面涂抹。

砌空心砖

趁混凝土还没干，插进 6 根钢筋并砌上空心砖。图片里插了 6 处地方，一边施工一边用水平仪找准。

砌红砖

在空心砖内填上土、碎石 5 cm、砂浆 3 cm，在其上放置 L 形钢筋。最后把用水浸泡过的红砖砌在上面。

完成地基

在步骤 8 建成的砖墙中倒入碎石，抹上砂浆，平整的地基就完成了。空心砖最后用砂浆和硅藻土进行装饰。

铺设耐火砖炉底

将用水浸泡过的 E 耐火砖如图铺设作为炉底。砖与砖之间的缝隙用耐火水泥填充。

搭建炉口

安装 S 铁门的炉口用 I 旧炉耐火砖搭建。虽然强度和耐火性有所降低，但因为是外面的部分，看上去美观即可。

搭建燃烧室

地基燃烧室用 E、F 耐火砖和耐火水泥，施工过程中尽量保持砖表面湿润，可以用湿抹布敷着。

制作木框

为了砌 S 铁门上方的砖，先要做一个支撑木框。木框与炉口之间填入耐火水泥（为防止炉口歪斜）。

设置铁门

趁步骤 13 的水泥干燥前，设置好 S 铁门。干燥之前用方木材支撑。市场出售的铁门只有银色的，我用耐火涂料涂黑了。

砌铁门上方红砖

在 S 铁门上方砌好 G 扁耐火砖。为使炉门与耐火砖接合严密，用小棍把水泥填满余留的缝隙。

燃烧室完成

用石材切割机把 I 旧炉耐火砖切成两半，砌在 G 扁耐火砖上面，砌 5 层就完成了。

放置大号耐火砖

将 H 大号耐火砖放置在燃烧室顶上，用湿毛巾保持其湿润。这是烤比萨的烤炉底部。

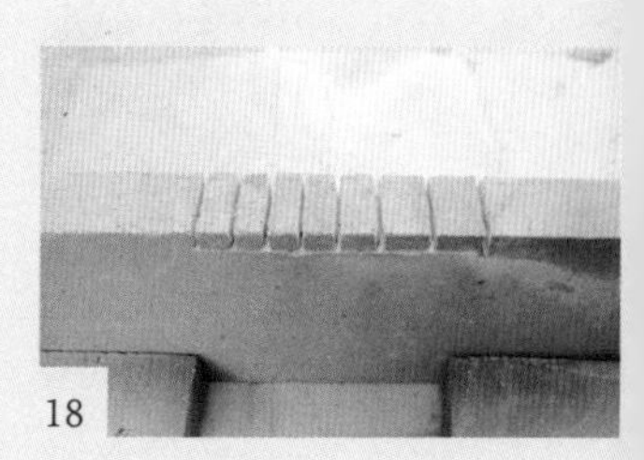

制作排烟孔

为了将烟导入烟道，必须在大号耐火砖内侧开个孔，可以用石材切割机切几条竹节状的沟槽。

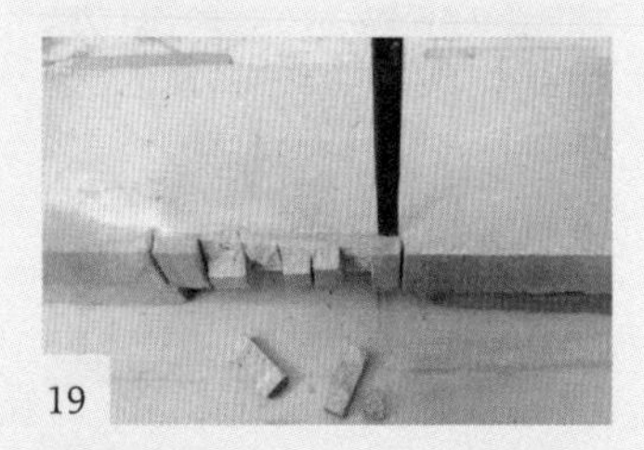

凿落

将步骤 18 中切出的沟槽用凿子凿落，形成一条宽孔。

用石材切割机加工

用石材切割机磨掉剩余的砖屑。

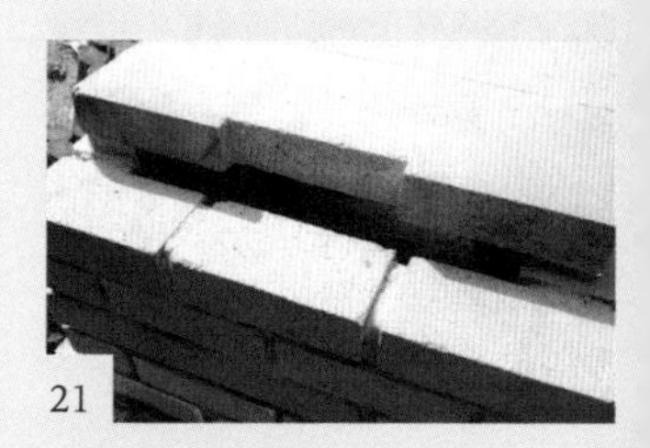

放置大号耐火砖

这是 H 大号耐火砖放置好的状态。从这条缝隙中烟和热气可以在烟道中呈 S 形排出。

制作炉口

在 H 大号耐火砖的两端纵向放置 I 旧炉耐火砖，用耐火水泥制作炉口。因为 H 大号耐火砖宽度不够，所以用 E 耐火砖补足。

制作砖炉顶成型架

为了搭建穹顶式的炉顶，在安装铁门之前先把 R 铁门的形状画在板子上，依照这个形状制作一个简易的架子。

安装铁门 1

在铁门两侧砌一层 I 旧炉耐火砖，装上铁门。因为铁门有卡扣，所以第二层砖上必须切出沟槽来。

安装铁门 2

确认好铁门卡扣的位置后，用石材切割机在砖上切出沟槽，确认好水平、垂直位置后抹上水泥。

安装铁门 3

这是 R 铁门装好后的状态。侧面虽然不够整齐，但炉壁是双层砖结构，所以没关系。

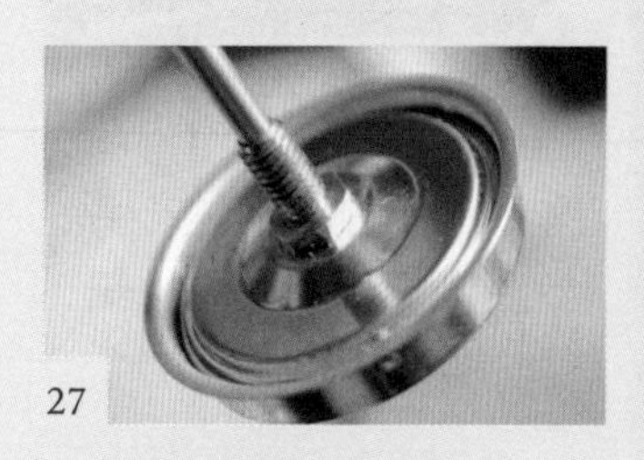

比萨饼炉温度计的安装方法

T 温度计可以安装在 R 铁门的进气口处。首先卸下进气口的螺钉，拆开铁门。

开孔

把铁门的进气口扩大到 12 mm。比起金属加工钻头，用石料加工钻头开孔更方便。开好孔后插入温度计，用螺钉固定。

放置成型架

烧烤室的砖砌好后，就把步骤 23 做好的成型架放在里面，将耐火砖纵向放在上面找好位置。

炉顶完成

炉顶外侧的砖用 I 旧炉耐火砖，并用耐火水泥砌好。中间 3 块切一半，留一个开口作为烟囱口。

内侧的状态

为使内侧没有缝隙，用 E 耐火砖和耐火水泥封好。

加工架脚

在支撑 N 石板的 O 架脚的内侧用石材切割机切出竹节状沟槽更好贴合（不容易脱落）。

切割砖面

为了把 O 架脚安装在 S 铁门的上方，要把对应位置的砖块切出沟槽，用石材切割机横着切就可以。

安装石板

这是用砂浆固定好的 N 石板与 O 架脚的状态，因为架脚和砖墙之间有沟槽，增大接触面积，不容易脱落。

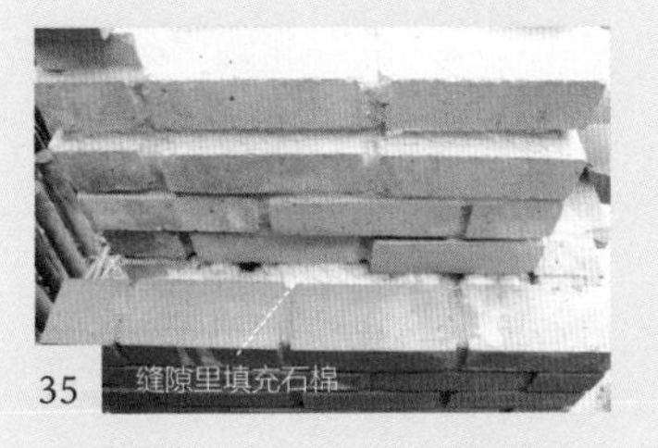

砌红砖

将 A 红砖与 D 过烧砖用正侧面混合的方法砌好，搭建双重构造提高保温效果。

确认垂直

因为砌砖就是一场对抗干燥的战斗，所以稍不留神墙面就歪了，要经常用铅坠确认是否垂直。

砌内侧的砖

为了削减成本，内侧用 C 扁砖砌。因为不稳定，所以在缝隙里填充一半砂浆后加入沙子。

清理砖上的污渍

砂浆干燥之后污渍就很难清洗下去了，所以每进行一段施工，就用水润湿砖壁，再用洗车海绵擦掉污渍。

搭建烟囱

用 4 块 D 过烧砖搭成烟囱的基础，过烧砖的耐火性为 200˚C 到 300˚C，所以最好还是用 E 耐火砖。

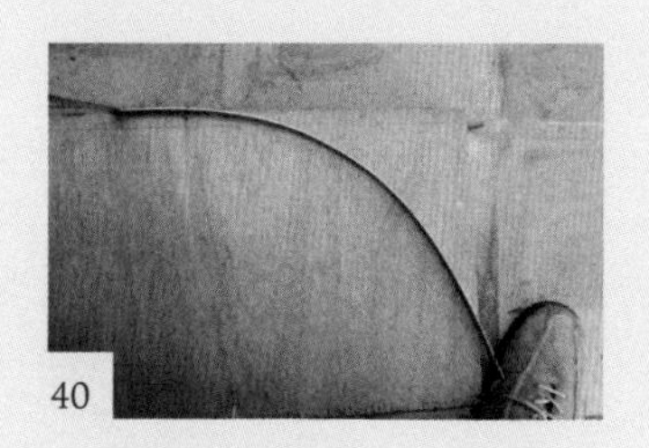

40

制作炉顶成型架

为搭建砖拱券，要先切好一块模板。用脚踩住卷尺在板子上使其弯曲就可以得到完美的曲线。

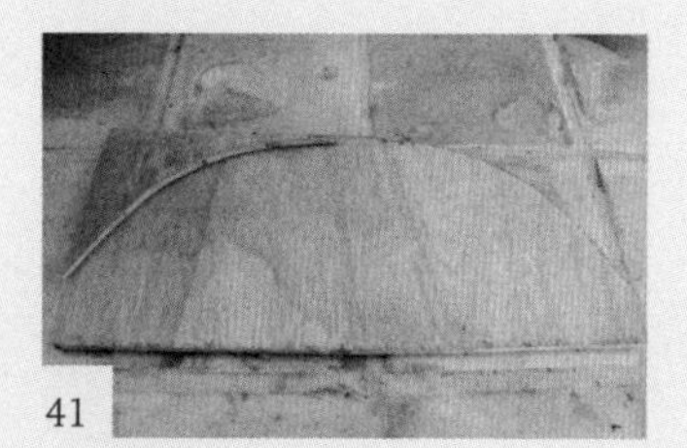

41

切割成型架模板

用锯子锯的话，可以照着切好的半边板子翻过来切另一半，然后用同样的方法复制出另一块。

42

用板子连接

将模板如图放在前后两端，用螺钉固定板材（事实证明，图中这样的薄板被砖头的重量一压就弯，所以推荐使用厚板）。

43

预置砖头

成型架完成后就在它上面预置砖头，用记号笔在完全能装上去的地方做好标记。

44

切割砖头

拱券两端不容易插进整块的砖头，所以要对 C 扁砖进行斜向切割。将扁砖如图固定，从正反两面切割就可以了。

45

拱券支架

用砂浆把切割好的 C 扁砖砌在成型架上，因为砂浆会从成型架空隙处掉下去，所以用报纸把架子铺起来。

46

砌拱券

按照刚才画好的记号砌砖，先用木片夹在缝隙里固定，调整平衡，然后用砂浆填充缝隙，这样更容易砌。

47

炉顶完成

留着烟囱部分的开口。随着砖头相互压实，用砌墙抹子把砂浆填到缝隙里去。

48

拆解成型架

拆下成型架上的螺钉，拆除成型架。步骤 29 中放置的成型架可用钻头开个大孔，再用细锯切割拆除。

49

搭建拱券内部烟囱

要在拱券内部搭建通到顶上的烟囱，需要在里面砌两层砖，弧形的空隙部分用石材切割机切割砖头填补。

50

砌入砖头

因为与拱券之间有差距，所以在内部也需要砌入砖头。还有空隙的地方用耐火水泥填补。

51

搭建拱券上部烟囱

因为是很显眼的部分，所以在搭建上部烟囱时要注意水平、垂直的位置关系。

52

打入螺钉

装 M 陶土板之前，先在预定位置的砖缝里打好钢螺钉，这样就不会脱落了。

53

安装陶土板

在 M 陶土板的内侧抹上耐火水泥贴在炉面上。

54

微调

将其调整到中央的位置。陶土板的图案是葡萄，因为最初想要搭葡萄架。

55

搭建烟囱

用耐火水泥将 K 黑砖和 L 方石砌在烟囱顶上，盖上 J 石板就完成了。

56

堵住空隙

用 D 过烧砖堵住穹顶和烟囱之间的空隙，从内侧填充石棉提高隔热效果。

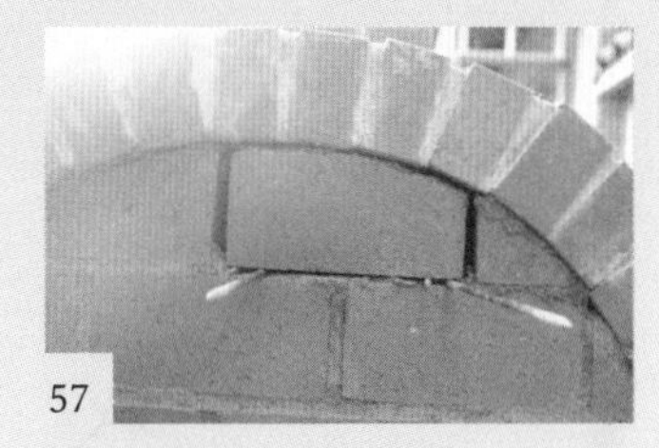
57

封堵内侧空隙

将C扁砖切成与穹顶相契合的曲线，堵住空隙。最后一块砖最难砌，可以用地钉顶着砖头，把砖缝慢慢填满。

要点

单层燃烧炉里必须做出一个可以移动炭火的空间，或者扔掉炭火的空间。这次的二层炉则可以在炭火燃烧的同时也能进行烤制，炉内温度降低时，也能添加炭火。

啤酒好搭档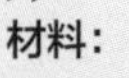砖砌烧烤炉

制作时间：4 天　预算：20 000 日元　→第 101 页

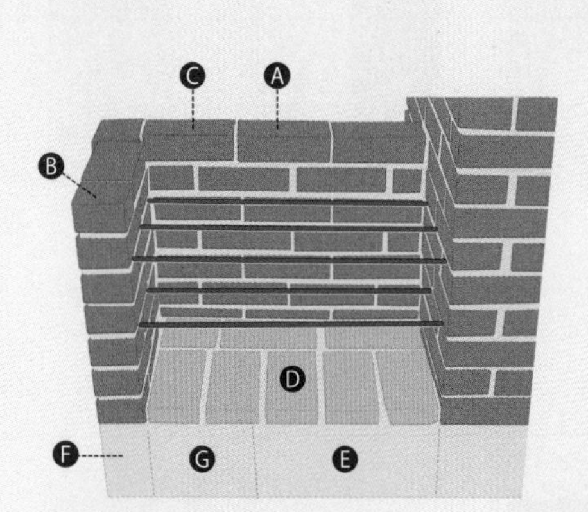

材料：

A 红砖（高 60 × 长 210 × 宽 100）20 块
B 方砖（高 60 × 长 105 × 宽 100）4 块
C 过烧砖（高 60 × 长 210 × 宽 100）20 块
D 耐火砖（高 40 × 长 230 × 宽 114）8 块
E 空心砖（高 100 × 长 390 × 宽 190）2 块
F 空心砖角材（高 100 × 长 390 × 宽 190）1 块
G 空心砖角材 1/2（高 100 × 长 190 × 宽 190）2 块

工具及其他材料

水泥、河沙、沙砾、碎石、耐火水泥 1 袋、钢筋（直径 6.35 、长 700）、水平仪、细线、密封剂（提高与涂料的贴合性）、玻璃纤维网（防止开裂）、水溶性着色剂、板子、涂刷抹子、砌墙抹子、水槽、橡胶铲、洗车海绵、金属网（高 4 × 长 600 × 宽 400）2 张、铁工切割油、线锯、石材用钻头、铲子、保护胶带、白水泥、硅藻土、灰浆。

设计

比萨饼炉完成之后，我决定有效利用一些空间（不是很重要的工程，大家就当作参考吧）。

砌空心砖

将砂浆堆成如图形状，再把泡过水的 E、F、G 空心砖砌在上面，形成一个“**コ**”字形，尺寸要保证能放进普通烧烤网（长 600× 宽 400）。

填土

在步骤 2 砌好的“**コ**”字形中填进三分之二的土，踩实。把要砌的砖预先放上去，确认位置。

填碎石

空心砖不能用石材切割机切割，所以要根据空心砖的尺寸搭烤炉。填入的碎石深度大约 5 cm，填入后踩实。

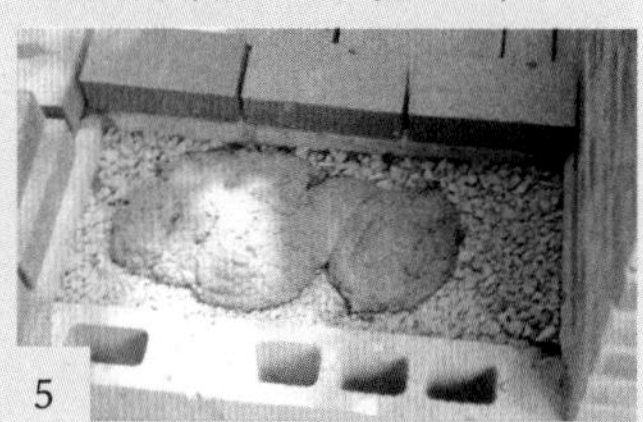

做混凝土

按照水泥 1 份、河沙 2 份、沙砾 3 份的比例混合搅拌。

平整

用抹子抹平混凝土。左上角的砖是因为底下的空心砖不够长，所以露出来了。

浸泡砖头

干燥的砖头会吸收砂浆里的水分，结合时会不牢固。砌砖之前必须要把砖浸泡 10 分钟以上。

砌耐火砖

将 A、C 砖用砂浆砌成炉壁。再将 D 耐火砖砌成炉底，依然用砂浆使其结合，注意用木板确认好底面是否平坦。

切割钢筋

切割架烧烤网用的钢筋，在切割点上事先卷上保护胶带，涂切割液。

用线锯切钢筋

把线锯刀刃换成铁工刀刃进行切割，如果一次切不断的话，可以先切一边再切相反的另一边，最后折断即可。

在砖上打孔

准备好石材用的钻头，钻一个直径 13 mm，深 25 mm 的孔（两端都是墙的话就不用打孔了）。

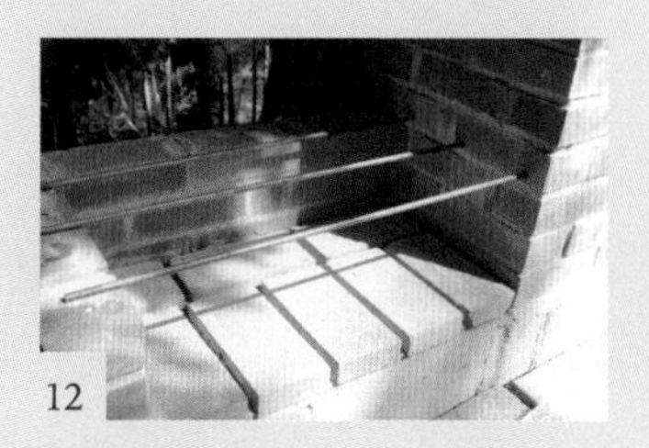

安装钢筋

打好平行的 3 个孔，在孔里填上砂浆后插入钢筋。这 3 根钢筋上要架上金属网放炭火，钢筋离炉底约 400 mm。

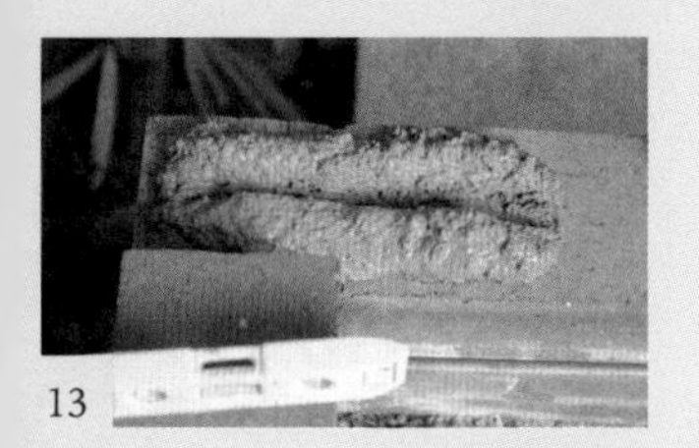

砌砖

砌 5 层砖，抹砂浆时像图中一样抹，这样比较容易找水平，只是用普通抹子不太容易操作，可以用园艺用的小铲子。

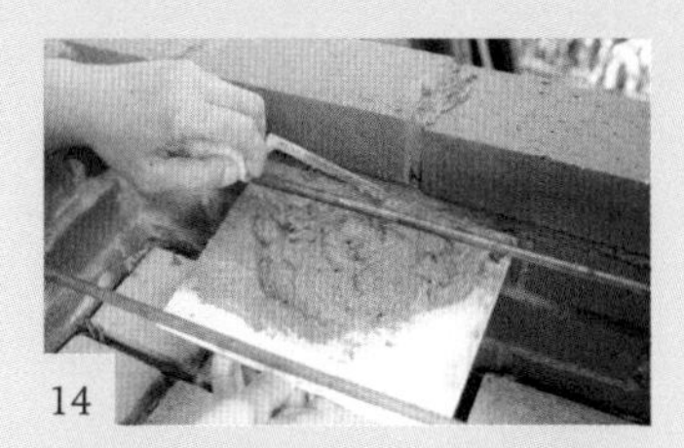

填砖缝

在板子上盛上砂浆，用抹子把砂浆推进砖缝里，污渍用洗车海绵擦掉。

用耐火水泥填缝

使用时炉底的砖缝里会落满灰烬，所以用耐火水泥把砖缝填上。

安装钢筋

砌好 5 层砖后，装上第 2 层钢筋。注意装好钢筋后就不好填里面的砖缝了，所以装钢筋之前先把砖缝填好。最后再砌两层砖。

安放金属网

下层金属网上放炭火，上层烤食物。距炉底的高度正好可以让人站着操作。

左后角的状况

这次工程我有点偷懒，左后角弄得不好看，可以稍稍调整一下空心砖和红砖的尺寸。

涂装密封剂

裸露着的空心砖有点不协调，稍作修饰不仅更加美观，还能延长使用寿命。在周围贴上胶带，保护不需要涂胶的部分，然后涂两次密封胶（提高涂料的接合性）。

装饰

装饰涂料用白水泥和水溶性着色剂混合制成砂浆，做法很简单。但我这次用的是剩余的硅藻土、灰浆与水溶性着色剂混合的涂料（独创）。

防止裂痕

推荐用玻璃纤维网来防止空心砖产生裂痕，做完步骤 20 之后，趁涂料还没干燥贴上一层玻璃纤维网，再涂一层涂料就可以了。

折叠园艺小桌

制作时间 3 小时　预算 2500 日元　→第 101 页

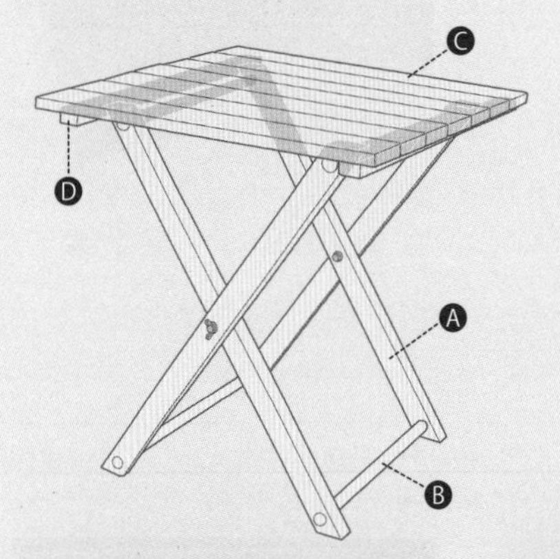

材料

A 桌腿：红松（高 30× 宽 45× 长 840）4 根
B 圆木棒：柏木（直径 24、长约 530）4 根
C 顶板：SPF（高 19× 宽 89× 长 650）7 个
D 支撑板：红松（高 28× 宽 38× 长 600）2 根

工具及其他材料

木工胶、防裂螺钉、六角头螺栓（M10 螺钉部分 70 mm）2 个
螺母 2 个、垫圈 2 个。
※ 尺寸前面带有“约”的地方要视实物尺寸而定。

1

切割 A 桌腿的头部

沿 60 度角切割 A 桌腿的头部。

2

切割剩余的桌腿

按照切割 A 桌腿的方法，切割剩下的四条桌腿。

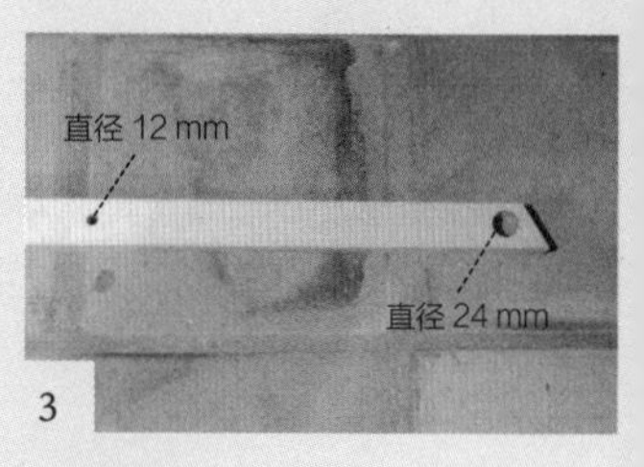

3

开孔

在 A 桌腿的中央处开一个直径 12 mm 的孔，以便嵌入六角头螺栓。在腿 A 的两端开一个直径 24 mm 的孔，一边装上 B 圆木棒。

4

制作顶板

把 C 顶板排列在一起，每个间隔 4 mm。用木工胶粘上 D 支撑板，胶干了之后，钉上防裂螺钉。

5

固定腿部

把两条桌腿十字交叉，用螺栓和螺母固定。制作两组。

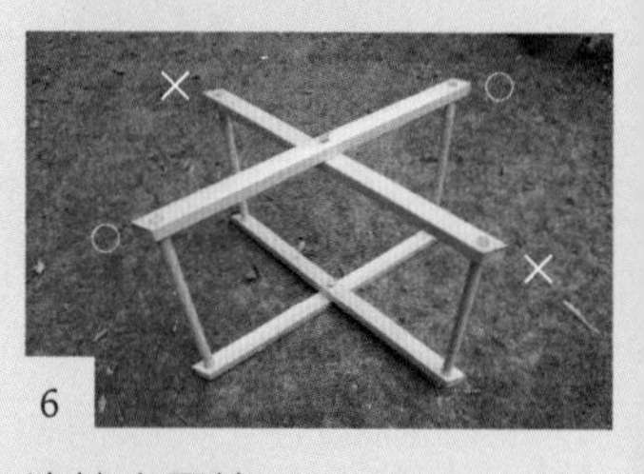
6

连接小圆棒

切割 B 圆棒，两根，长度为 520 mm，把圆棒插入 O 记号处的孔中，用胶水粘连。再把剩下的两根圆棒插入记号“X”处，按照实际尺寸切割（约 455 mm），并将其粘在一起。

7

最后装上顶板，就大功告成了。

要点

这个桌子是折叠式的，特别适合在孩子的运动会及户外活动中使用。对于那些觉得“桌子占地方”或者“维修桌子很困难”的人来说也很方便。取用和安装都十分方便，也可以在阳光明媚的日子里，把它放在院子里，享受下午茶以及读书的美好时光。

水泥沙浆施工与砌砖的要点

在院子的建造中，势必会涉及泥瓦活。虽然看起来十分困难，但是如果准备好材料和工具，严格遵守施工的顺序，泥瓦活就会变得很简单。我觉得做这样的工作，最重要的是有“耐心”。试试看吧。

水泥砂浆和混凝土的区别

两个都混合了水泥和河沙。

混凝土 中间掺入碎石，所以更具强度。适合打地基。

水泥：河沙：沙砾
1 : 2 : 3

放入水泥和河沙，进行混合。等到颜色均匀之后，放入碎石，沿一个方向搅拌。等到表面看不见碎石之后，再加水搅拌。

水泥砂浆 中间没有掺入碎石，所以质感相对柔和。适合粉刷红砖以及空心砖的缝隙和墙壁。

水泥：河沙
1 : 3

用小铲子将水泥和沙子掺杂在一起好好地进行搅拌，搅拌至无法看见沙砾。等到颜色均匀后，再加水进行搅拌。硬度要和耳垂的硬度差不多。

主要工具

承接板：用来盛水泥沙浆，以及用铲子铲水泥的板子。
泥瓦匠专用铲子（抹子）：抹水泥砂浆专用的铲子，有专门砌砖的铲子和专门填缝的铲子，种类繁多。
泥船（一种容器）：一种结实的容器，用来放入水泥、沙子和水，并进行搅拌。因为水泥砂浆很重，所以不能拿铁桶来代替泥船，碟箱（一种容器）也不能代替它。
橡胶刮刀：可以把搅拌器、铲子上附着的混凝土干净利落地弄下来，可以充分利用材料。
铲子：拌和水泥沙浆时使用。
橡胶手套：当使用工具不能完全拌和时，需要用手进行搅拌。手接触到水泥会变粗糙，这是保护手的必需品。
洗车用海绵：擦拭污垢时使用，水泥沙浆完全干掉需要三十分钟的时间，所以在没干的时候可以用湿海绵擦掉。
湿毛巾：盖在红砖以及空心砖上，防止其干燥。
细线、帐篷地钉、水平仪：用于确定水平线，拉线的时候，帐篷地钉发挥了很大作用。
熔着式封口剂：这是进行固定时所用的吸水式整合剂。把它作为粉刷的基础材料抹上，可以提高水泥砂浆、混凝土以及涂料的紧密性。

砌砖的要点

砌砖的方法

在要砌砖的地方抹上水泥沙浆，从中间拉一条线，将平面分割成两列，这样方便找到水平线。砖缝的标准宽度是 8~10 mm。在其中夹上相同厚度的木片，放置 40 分钟，待其干燥后将它取下，这种方法对于初学者来讲十分简单。

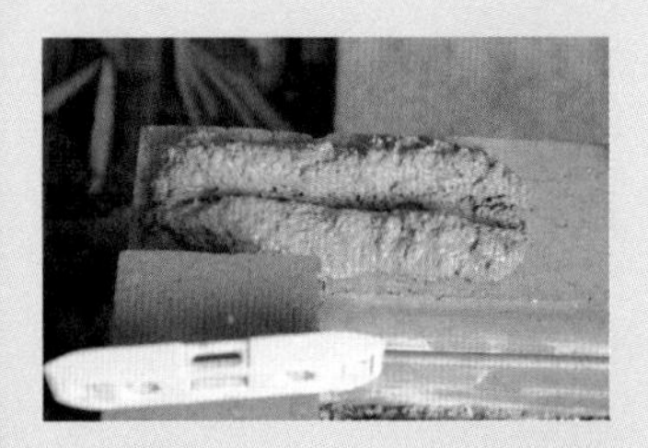

注意水分

施工前，先将红砖和空心砖在水中浸泡 10 分钟。在施工中，盖上湿润的毛巾，以防干燥。当红砖和空心砖干燥后，水泥沙浆的水分也会被吸干，稍微碰一下就能掉下来。

注意速度

因为水泥沙浆 30 分钟就会变硬，所以做的时候要注意制作 30 分钟内可以用完的量。量多了只能扔掉，白费功夫。拌好水泥沙浆，拉好细线，做一段时间之后就用水平仪检测一下水平度，慢慢砌砖。因为要谨防干燥，所以建议初学者不要在夏天制作。

可移动折叠儿童屋

制作时间：3 日　预算：30 000 日元　→第 102 页

材料

A 地板架（侧面）：杉木（高 36× 宽 40× 长 815）2 根
B 地板架（前面、内部、中央）：杉木（高 36× 宽 40× 长 760）
C 加固材料：杉木（高 36× 宽 40× 长 743）1 根
D 地板：杉木（高 13× 宽 90× 长 832）9 块
E 木框（纵向）：杉木（高 30× 宽 40× 长 1210）4 根
F 加固材料（开口处）：杉木（高 30× 宽 40× 长 1180）2 根
G 加固材料（中央）：杉木（高 30× 宽 40× 长约 1753）1 根
H 木框（横向）：杉木（高 30× 宽 40× 长 860）4 根
I 木框（上面）：杉木（高 30× 宽 40× 长约 800）1 根
J 木框（斜侧）：杉木（高 30× 宽 40× 长约 800）1 根
K 加固材料（中央）：杉木（高 30× 宽 40× 长约 538）1 根
L 加固材料：杉木（高 30× 宽 40× 长 140）4 根
M 装饰材：红松（高 18× 宽 55× 长 1175）4 根
N 装饰材：红松（高 18× 宽 55× 长约 990）2 根
O 踏板：美国松木（高 15× 宽 70× 长 590）1 根
P 木框（横向）：杉木（高 30× 宽 40× 长 750）8 根
Q 木框（纵向）：杉木（高 30× 宽 40× 长 1170）4 根
R 加固材料：杉木（高 30× 宽 40× 长 400）4 根
S 窗户框（侧面）：松木（高 15× 宽 65× 长约 395）4 根
T 窗户框（下面）：松木（高 15× 宽 85× 长 390）2 根
U 窗户框（上面）：松木（高 15× 宽 65× 长约 310）2 根
V 木框（纵向）：杉木（高 30× 宽 40× 长 1000）4 根
W 木框（横向）杉木（高 30× 宽 40× 长 850）8 根
X 破风板：松木（高 15× 宽 65× 长 1095）4 块
Y 房顶：杉木（高 12× 宽 150× 长 410）36 根
Z 墙底（表、里）：柳桉胶合板（高 3.6× 宽 910× 长 1820）8 块

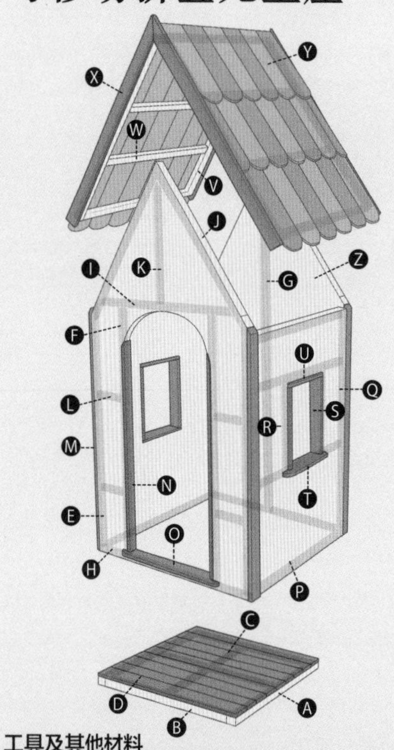

工具及其他材料

木工胶、螺钉、防裂螺钉、普通钉子、木销子、合页 9 个、L 形角码 4 个、密封剂、粉刷浆 20 kg、护墙板（柳桉胶合板、厚 18）。

※ 尺寸前面带有“约”的地方要视实物而定。

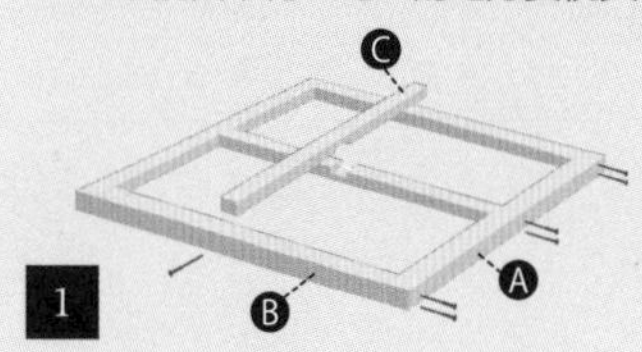

1

制作地板的木框

把A、B地板木框以及加固材料C朝上，用木工胶粘连。胶干了之后用螺钉固定。把加固材料 C 对准 B 中央处的槽，使其相互咬合。

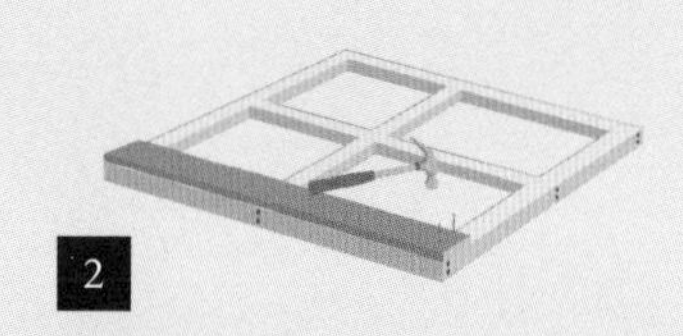

2

铺地板

用木工胶粘连地板 D，干了之后用钉子固定。

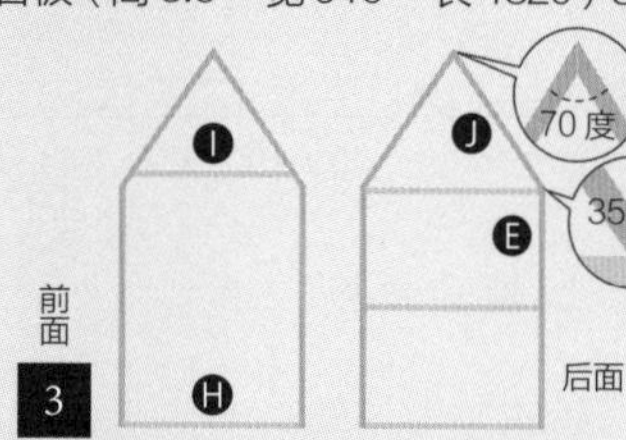

3

制作前面和里面的木框

沿 35 度切割木框 J, 木框 E 的连接部分，用胶粘连木框 H，用螺钉固定。I 木框是开口部分，所以要按照实际情况切割固定。

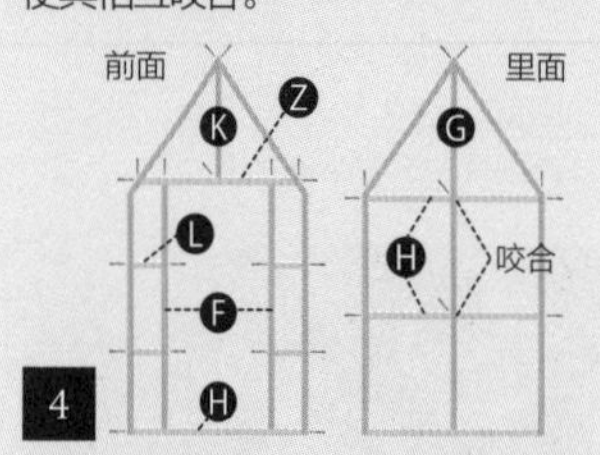

4

制作前面和里面的木框

把加固材料 F、L、K 粘连在前面，用螺钉固定。在里面装上加固材料 G, 沿 70 度角切割上部。制作和木框 H 的咬合部分。

5

制作拱门

用线锯将柳桉胶合板切成圆形，制作入口处的拱门。厚度为 18 mm，需要把两张板子贴在一起。

6

安装胶合板

按实际情况切割墙里 Z 的胶合板，木框的两面用胶粘连。胶干了之后用钉子固定。

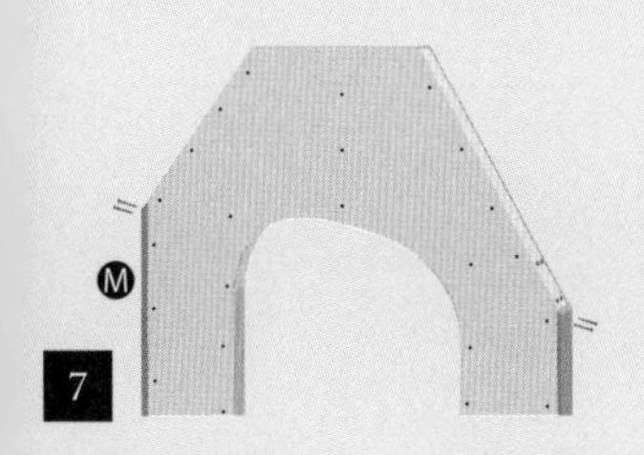

安装装饰材料

按实际情况，斜着切割装饰材料，再用木工胶粘连。干了之后用钉子固定。

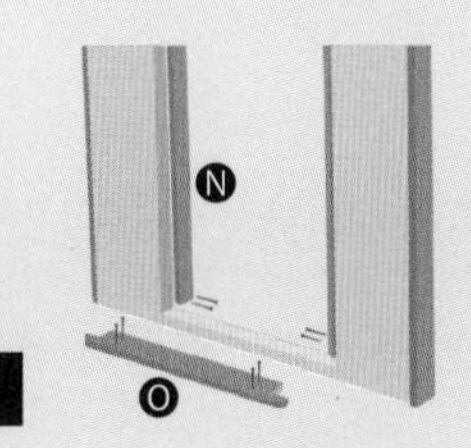

制作木框（侧面）

如图，切割踏板O，用木工胶和防裂螺钉固定。然后，按实际情况，斜着切割装饰材料N，再用木工胶粘连。干了之后用钉子固定。

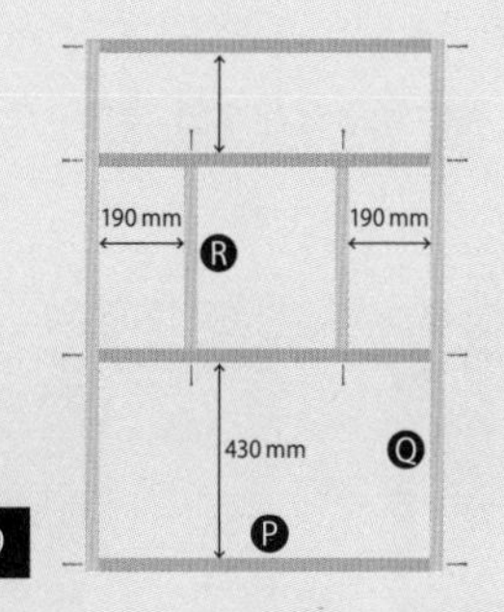

制作木框（侧面）

制作窗户某一面的框架。再用木工胶粘连P、Q、R，干了之后用螺钉固定。制作两个。

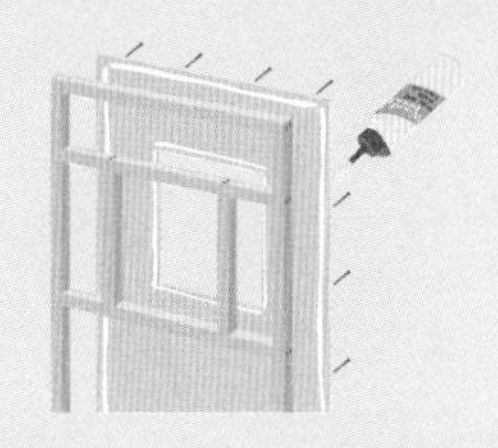

安装柳桉胶合板

按实际情况，切割墙底Z的柳桉胶合板，用木工胶粘连两侧。干了之后用钉子固定。

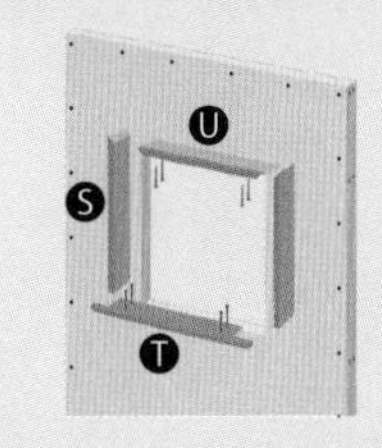

安装窗框

切割窗框S、T、U，用木工胶和钉子固定。沿45度切割U的两端。沿45度切割S的上部，并如图切割T。如此制作两个。

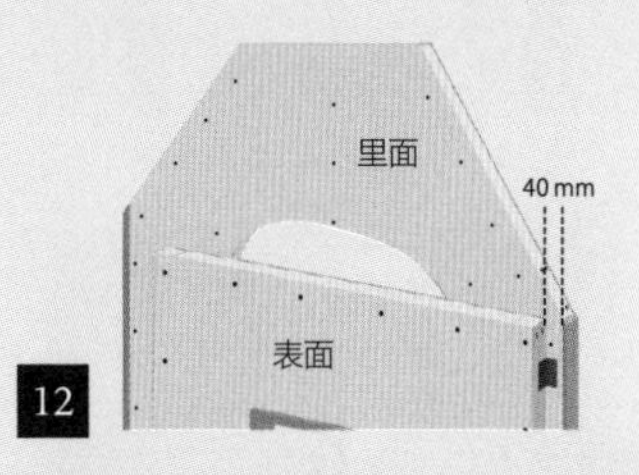

安装合页 1

在折叠状态下将表面和侧面重叠。然后在3处分别安装合页，中间留出40mm的空隙。按同样方法，安装里面与侧面的合页。

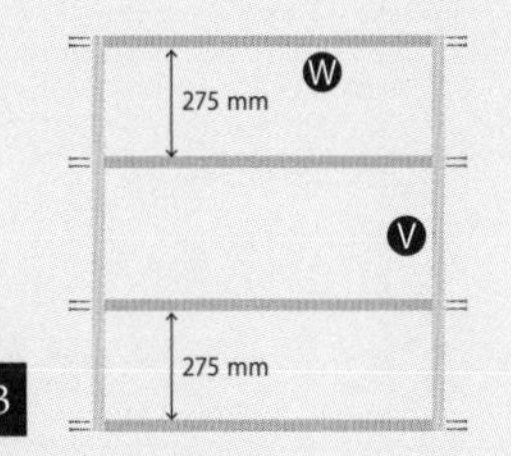

制作屋顶的木框

用木工胶粘连V、W木框，再用螺钉固定。如此制作两个。

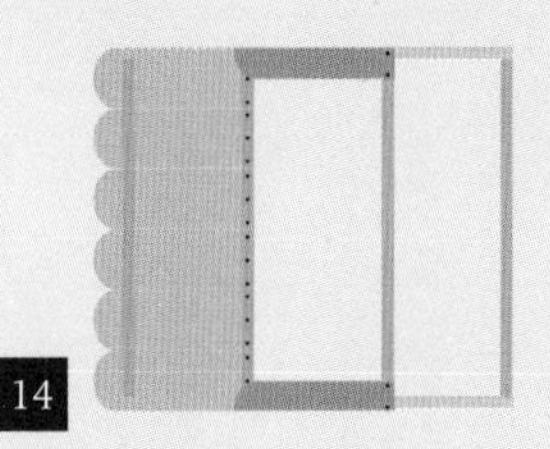

安装屋顶

用线锯将屋顶Y的角切成圆形，再用木工胶粘连。用钉子固定之后，再从下面重叠安装3个。

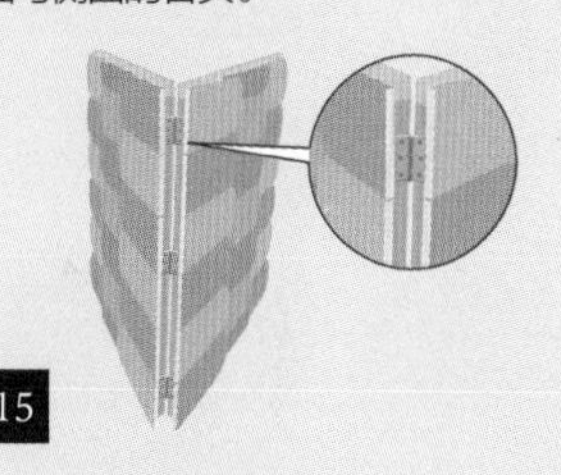

安装合页 2

为了方便开关和保存，在图中3个地方安装合页。

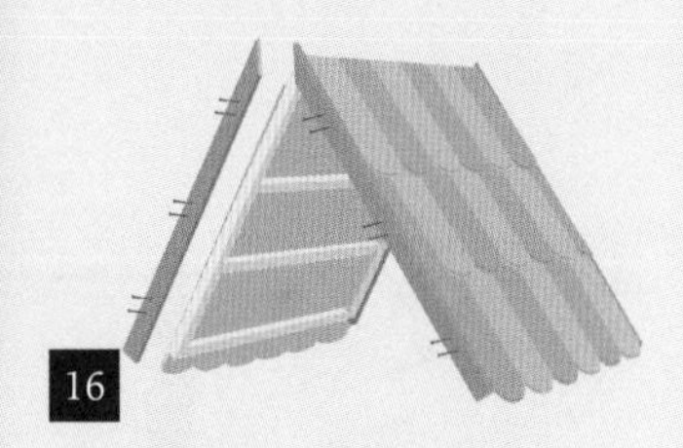

安装破风板

用胶和防裂螺钉在房顶的正面和背面安装破风板，最顶上切割成35度。安装的时候，只要两个人拿上去，安在屋顶上就好。

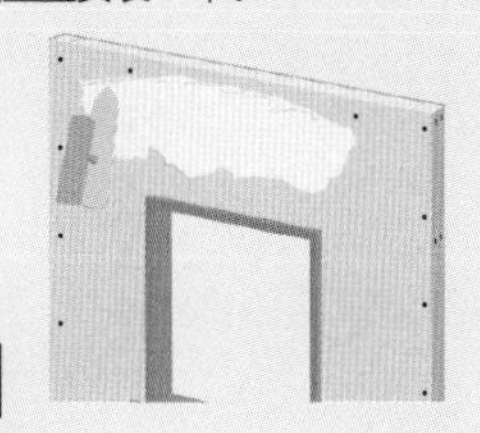

刷浆

在外墙壁的柳桉胶合板上涂上密封剂，干了之后涂上粉刷浆，内墙也一样。因为涂上厚重的粉刷浆，整体重量也会增大，所以只涂一层保护涂层也可以。

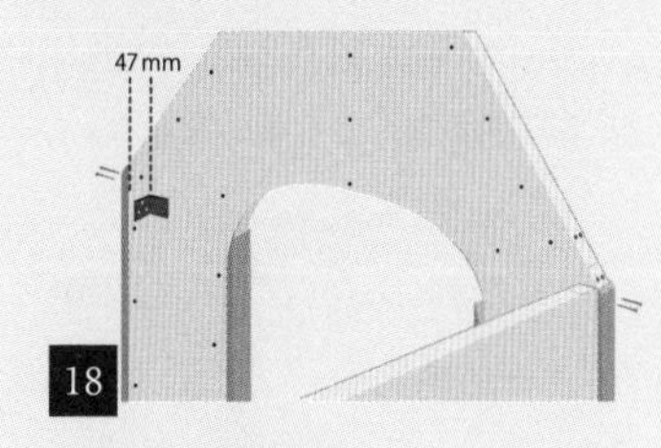

安装L形角码

用钉子将L形角码固定在正面墙壁的背面。如此就算大功告成。为了安全起见，如图所示，组装时可以在角码侧面用螺钉固定。

朴素风玫瑰架

制作时间：6 小时　预算：7000 日元　→第 98 页

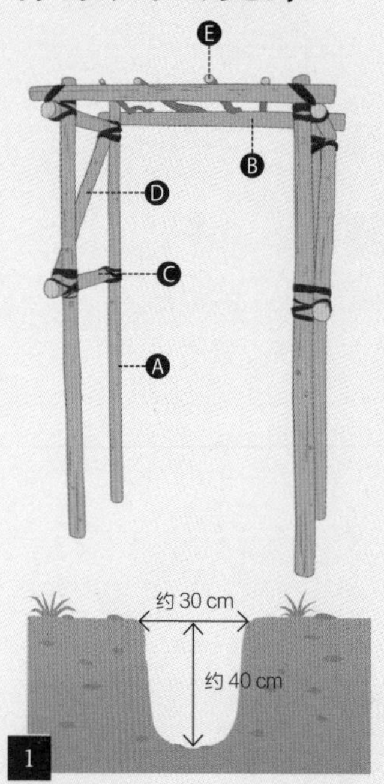

材料

A 柱子：圆木棒（直径 90、长 2500）4 根
B 横梁：圆木棒（直径 90、长 1400）4 根
C 横向架子：圆木棒（直径 90、长 700）4 根
D 斜着的支撑木架：圆木棒（直径 90、长约 1050）2 根
E 顶部的横木：树枝（直径 30、长约 800）4 根

工具及其他材料

螺钉、棕榈绳、水道用PVC管（直径180、长300）4根、碎石、河沙、小石子、石灰、水平仪、泥船、泥瓦匠专用铲子。
※ 尺寸前面带有“约”的地方要视实物而定。

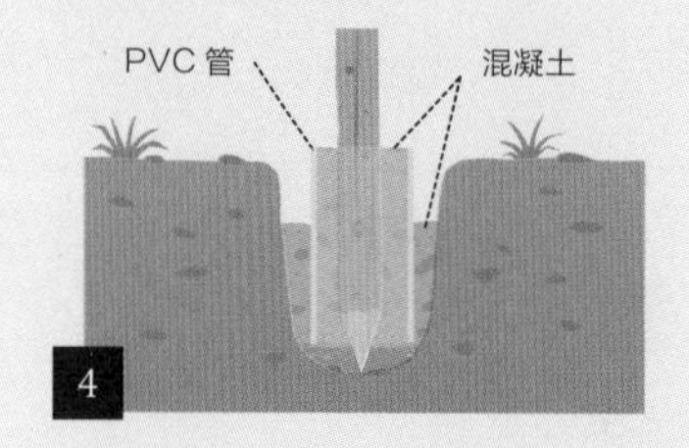

挖坑

决定好种玫瑰的地方之后，在地上挖一个深 40 cm 左右的坑，以便把柱子 A 立在其中。坑的直径为 30 cm 左右，这样的坑要挖 4 个。

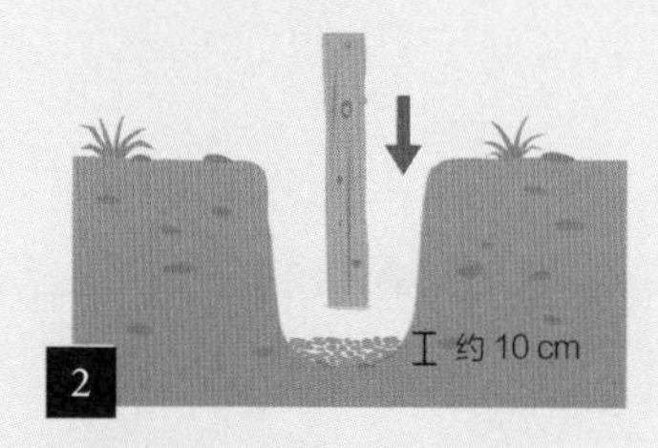

撒上碎石夯实

放入碎石，厚度为 10 cm 左右，用木桩子夯实。

切割 PVC 管

用锯或圆锯切割水道用硬质 PVC 管，长为 30 cm 左右。如此切割 4 个。

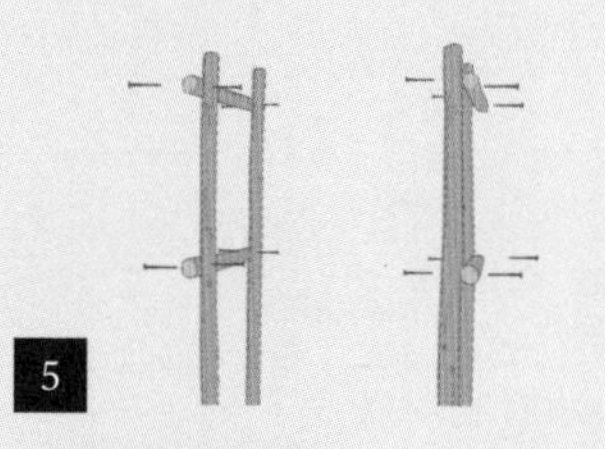

立上柱子

先放上 PVC 管，然后把柱子 A 立在其中。按水泥：河沙：石子 1:2:3 比例制作混凝土，混好之后填进管内和管外，固定前调整好柱子，使其垂直。

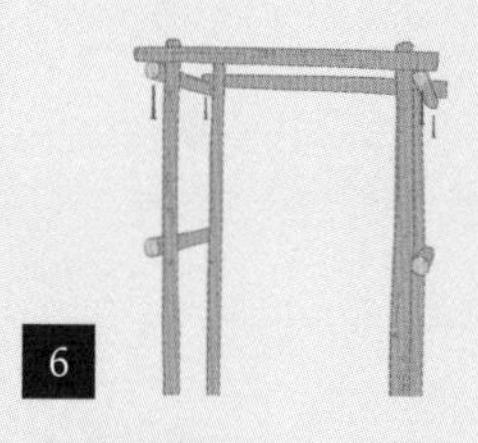

安装横着的架子

用螺钉（120 mm）把架子 C 固定在柱子 A 上。这道工序要一边用水平仪确保水平和垂直一边进行。如果提前在架子下面打了孔，那么安装螺钉的时候会很方便。

6

安装横梁

把横梁 B 架在架子 C 上，用螺钉固定。

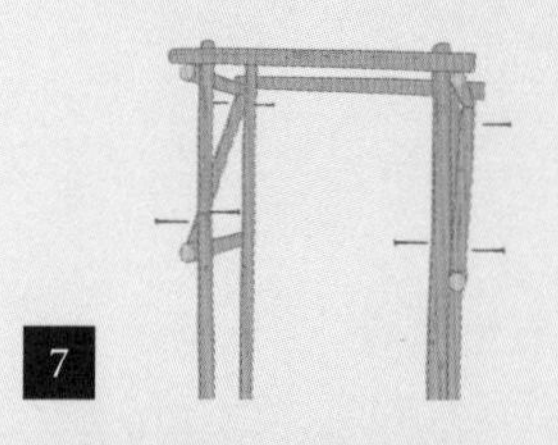

安装斜着的支撑木架

按实际情况，切割斜着的支撑木架，使其和架子 C 的空当相吻合。用螺钉固定。

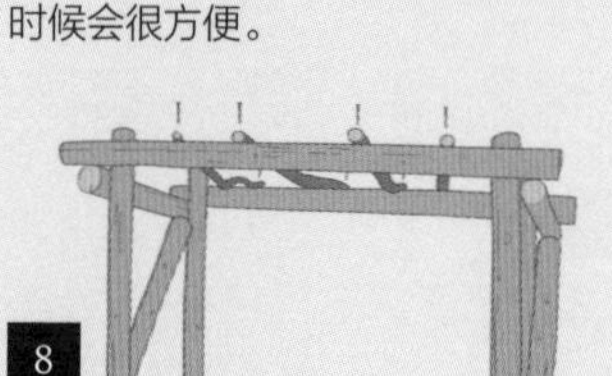

安装顶部横木

用钉子安装顶部横木 E。

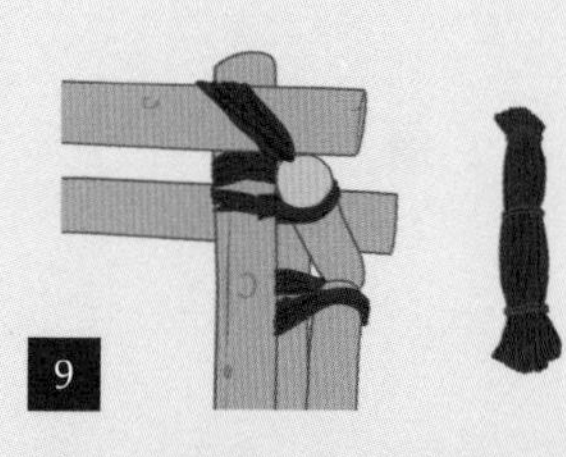

缠上棕榈绳，加强支撑

把棕榈绳卷起来，紧紧绑在上面加强支撑，这样就大功告成了。

column 04 丸林家的楼梯展示

关于“楼梯的制作方法”，这个主题的人气一直居高不下。台阶高度的设计至关重要。室内楼梯的踏板推荐有一定厚度的板材。

室内篇

主楼梯的踏板使用纯色板材。设计师好似描绘出了曲线柔和的舞台，十分新颖。

图为工具小屋的楼梯，在混凝土板上装石膏板，然后又上了一层漆，中间有一个大容量衣橱。

这是在屋内使用的梯子，如果能把这个做成，那就能上阁楼了。

贴瓷砖的楼梯

外楼梯

做了枕木台阶，方便人从客厅出来到外面去。

通往后门木底板的木梯。为了不让梯子与地面接触的部分发生腐烂，给地面铺了瓷砖。

为了下雨天不让雨水吹进屋里，装了能罩住楼梯和窗户的屋檐。

Chapter.5
DIY Basics

第五章　木工基础

制作家具时必不可少的工具和材料，
增添做木工活儿的乐趣。
下面将分别介绍，
那些必备且方便好用的工具材料类型。
通过基本的动作解说，
正确掌握电动工具的使用方法后，
就可以丰富自己的 DIY 生活。

工具

常用工具

没有必要一开始都凑齐了，这里讲解的是首先会用到的常用工具。

锤子

钉钉、敲碎、砸平用到的工具。大小，趁手与否各有不同。挑选的关键在于自己拿在手里试试，不推荐太沉的。

直角尺

直角尺用来在木材上引墨线。长的为长柄，短的为短柄。呈直角的地方叫矩手。测量是否 90 度、45 度切割木材时必备。

凿子

有宽有窄，窄的用来剔一些小地方，宽的用来抠大面。不仅能给木材凿洞、挖沟，还能把木材角打磨圆滑。有各种形状和尺寸，可根据实际情况备齐。

铅笔

画线时用，HB 铅笔的硬度即可。

锯子

把木柄牢牢固定在把手上。锯条不要跟画线的地方严丝合缝，切割时根据锯条的厚度切。

螺丝刀

一开始工具不全的时候，一个螺丝刀组合便可以解决问题。螺丝刀组合里的十字改锥，能打孔，还能代替钻头拧上螺钉。

线锯

电锯的一种。能自由控制切割方向。曲线切割还比锯子省事，准备一台方便不少。直线切割更是干净利索。

电钻

强而有力。打孔、上螺钉时效果显著。充电型没有电线的局限，任何地方都能顺利使用。

Tools

水平仪

作用是测量与地面的角度、倾斜度。可检查水平、垂直 45 度。

木工用胶水

木头之间进行粘连时用到的。有着适当的黏度和快干的特性，十分好用。

强力胶

比木材胶含水量大。虽然有点难用，但是这种胶水不怕潮，粘得牢。溢出来的部分可以切掉，胶水本身还能染色。

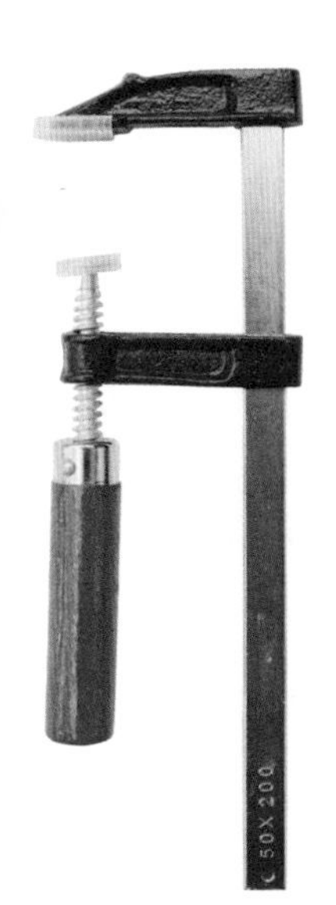

夹紧器

木工用于固定的工具。经常用于家具和箱子的制作。可以的话，手里备 3 ~ 4 个为好。木料里有很多起拱的，在钉钉和上螺钉之前用胶水连接木头，再拿夹紧器固定就粘住了。普遍的尺寸是 450 ~ 600 mm。

卷尺

方便之处在于把尺子拉出来后可以上锁。长度有很多种，3.5 m 的就行。

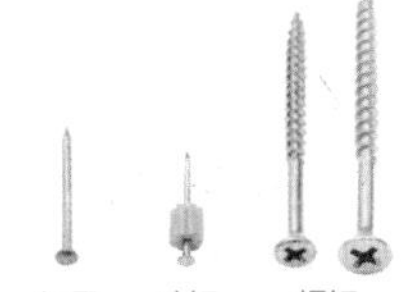

钉子　暗钉　螺钉　防木裂钉　一字螺钉

装饰图钉　蝶形螺母

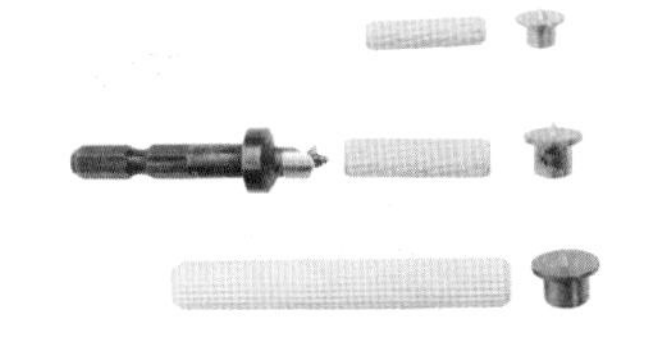

钉类

因为木螺钉用于固定木料，所以也算钉类。木工常用的是头部扁平的钉子。钉子有很多型号，铁圆钉的使用更广泛。长度以比要钉的木板厚度长两三倍为宜。薄板用大钉子的话，可能会断裂。暗钉是钉上之后，可把钉子头弄断起到掩饰作用的钉子。

装饰图钉和蝶形螺母

蝶形螺母是不用工具就能拧上的。可用在想保持可装可卸状态的地方。装饰图钉是做造型的。这本书里为了遮盖螺帽，选用了大装饰图钉。

木销子

用于连接木材。因为拆不下去，所以得留到最后再装。型号有 6 mm、8 mm 和 10 mm。

有了这些工具更省力

根据要打的家具选择工具。慢慢集齐适合自己的就可以。考虑到维修的问题，推荐本国产的。

电动圆锯

转动圆形的锯片来切割木料。相比锯子和线锯，可以更快地直线切割。但是需要注意安全。

圆锯台

小型锯台。是把电动圆锯装在台子下方使用的款式。与木料纹理平行进行竖向切割，拉直工序中必不可少的工具。推荐给想把家具打得专业一点的人。

木板加工机

压出沟渠，刻纹路工序中使用。更换钻头之后，可以刻出各种形状的装饰。有了纹路之后，做出来的家具在视觉效果上将会有质的飞跃。

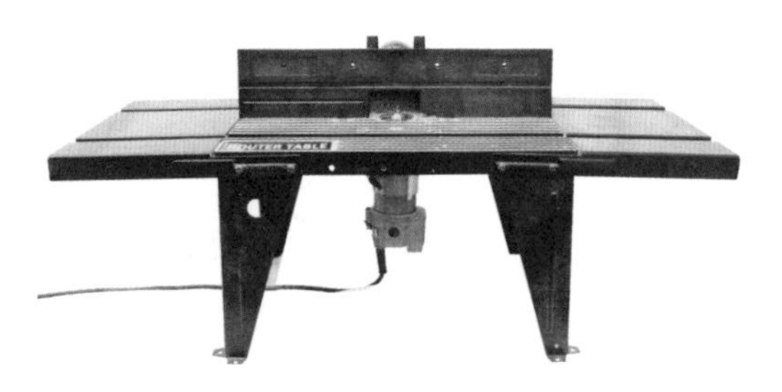

铣削台

铁刀装在下部，刀头露出机床用于削剪木料。与木工雕刻机一样可以做出各种装饰。

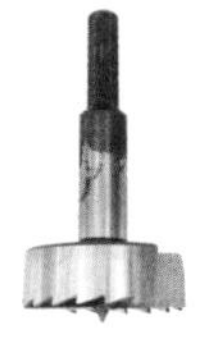

大口径钻头

用来开大孔。装在电钻或者冲击螺丝刀上使用。

滑动式圆钜

按下装着圆锯的杆，来切割木料的工具。圆锯可以整个切片，切割木料时安全且方便。

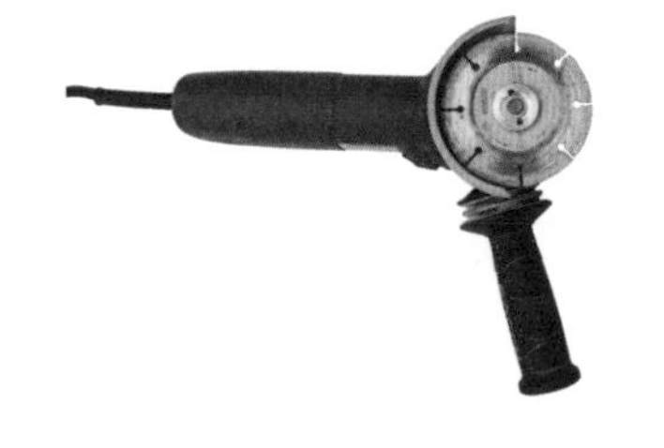

石材切割机

切割砖头、石材以及瓷砖等的必备工具。第一次用时还心有余悸，因带有把手提高了安全性，可放心使用（切割砖头和瓷砖时常用）。

电动刨子

把表面不光滑的木料打磨平整时用到的刨子。还可用于剥掉老油漆。

台式钻床

把建材固定在工作台上，再用电钻打孔的工具。稳定的转数方便垂直打孔。用于想在同一位置开孔的时候（不常用）。

振动钻

用于水泥混凝土和石料打孔。按下“振动、不振动”后使用。

搅拌机

搅拌机是大面积在墙面刷浆拌和水泥时的必需品。富含水分的涂料很重，搅拌机可省时省力。如果不经常用的话，去建材店租一个也可以。

铆钉器

主要用来固定金属网和防水薄膜的装修专用钉枪。一般订书器是上下把纸夹住后使用的，铆钉器可以直接在建材上面打钉。

金属钻头润滑剂

切金属，打孔时进行润滑后，更容易操作。

细线（施工放线用）

木底板以及砌砖时，用来标明是否水平、垂直。

铁皮剪

波浪状的刀身使裁剪铁皮变得更轻松。

切削工具

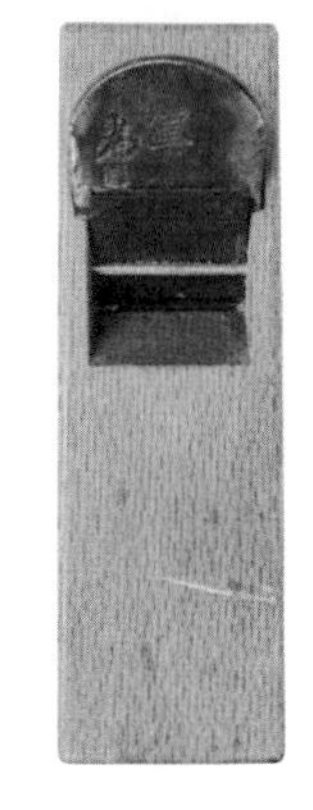

打磨器

使用时把砂纸剪断后在下面用配件固定。木材经过打磨后表面变得光滑，用这种小型的打磨器，既轻便又减少噪声（经常会用到）。

带状打磨器

旋转砂带用来打磨木料。比起使用砂纸的打磨器更为耐用，能在很短的时间内进行大量打磨，可用于粗略打磨。缺点是笨重且噪声大（经常使用）。

刨子

用来刨平、刨光木料表面时使用。很难操作。我家用在打磨木料的边角上。

砂纸

号码越小上面的颗粒越大。木材加工后想把表面弄光滑的话，选用中等、小颗粒的。事先备几种的话会事半功倍。

涂装工具

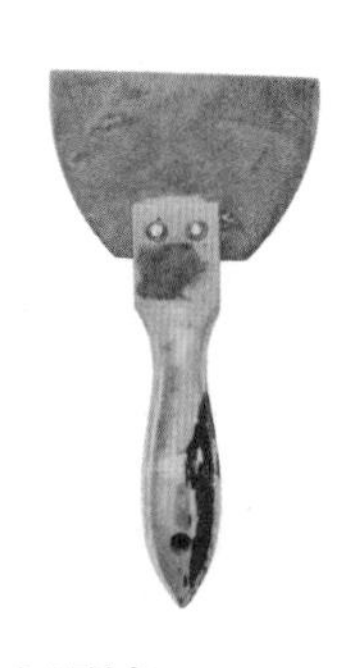

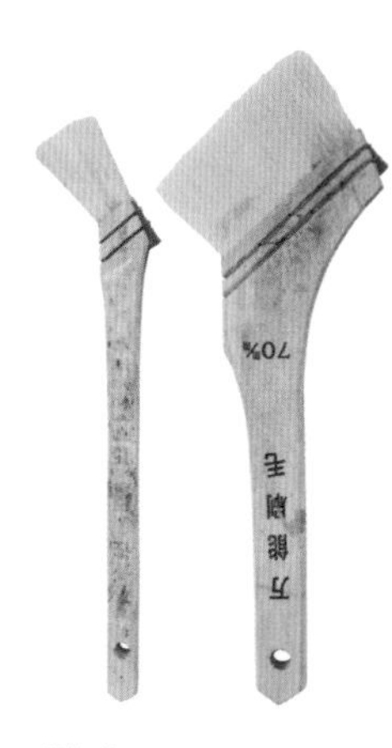

滚刷

范围大刷得快。这类工具还能均匀涂抹。

抹子

用于墙面的最后工序，对应各类情况的形状市面上都有卖。仔细核对后再购买。

水泥铲

泥瓦活儿中把边角抹匀时会用到。还能铲掉搅拌机和桶里残留的砂浆。

刷子

涂漆的工具。根据油漆、润滑剂、清漆等涂料的种类以及用途，最好多备几种。

木材

旧木料、废木料

吏用旧木料和废木料做出来的家具，别有韵味。木材厂和老物件店，或者网上都可以购买。

杉木

柔软易于加工。品质优良且容易上色，主要价格便宜。由于木头的纹路笔直，纵向易折断，易翘起，不适合做桌面。

胶合板

用几层薄板合并成的胶合板。有多种厚度和尺寸可供挑选，价格还便宜。虽然和复古风格不搭，不过可以广泛地用作柜子的内层或者抽屉的底层。

松木

价格比杉木略高，最合适打结实的家具。木料轻，软硬适中易加工。

胶合板　松木　杉木　废木料　旧木料

漆类

❶ VATON

天然木材专用渗透性染料。安全可靠，可用于地板和室内家具。

❷ WATCO 涂料

源自植物油的木材专用渗透性漆。这款漆不会在表面留下一层膜，因而能突显出木材本身的天然纹路。

❸ 做旧染料

这种漆能在木材表面描绘出受风吹日晒，日积月累形成的老化裂纹。不过只用这一种不行，还要用乳胶漆打底，干后反向刷漆。

❹ 木材着色料

最适合木制成品整体喷涂。

❺ 乳胶漆

牛奶蛋白和天然材料制成的天然涂料。让成品显得厚实，还有多种颜色可选。中规中矩且柔和的颜色质地十分迷人。用于家具和木板、墙面等。

❻ 核桃油

由核桃提炼的干性油。散发光泽，突出木材的天然质感。

❼ 木制餐具用油

入口无害，无味无臭的矿物油。可用于木制托盘、盘子表面的保养。

❽ 蜡

用于保养家具，擦拭木头使其渗透。蜡里的一些成分可以保护木头，更能使木头焕发天然光泽。

❾ 外用水性漆

这种漆包裹后会形成膜。便宜木料带有明显的木头节，一刷上这个漆就看不出来了。

❿ Xyladecor 防腐剂

作为木材的防腐剂，非常可靠。如同着色剂般可以渗透木料。还有丰富的颜色，但不能用于室内家具。

⓫ 木馏油

相对便宜的木材防腐剂。过去因为气味难闻，破坏环境被敬而远之。经过改良后，得以广泛使用。

⓬ 稀释剂

稀释油性涂料，清洗毛刷时使用。

基本操作

掌握基本操作后，制作家具无非就是重复劳动而已。
接下来讲解一下包括切割、连接、削等工序的基本做法。

切割 Cut

用线锯切

掌握线锯的用法后，就可以随心所欲地进行曲线切割了。

1

画线标记

用铅笔在木料上画出切割线。

2

在操作台上切割

先提升电动工具的刀头速度至稳定程度，再进行切割。

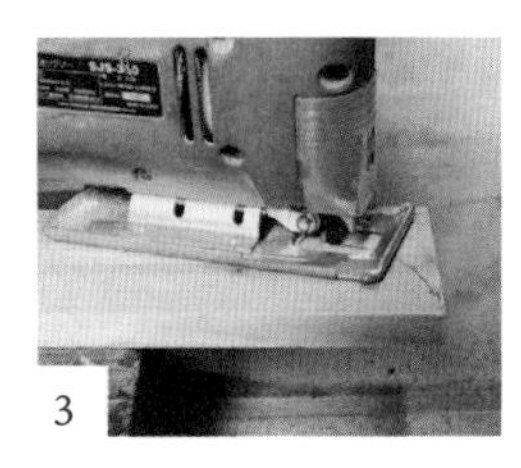
3

慢慢转弯

在不太容易转弯的地方，别着急。来回移动刀头去切割的话，就不会切歪了。

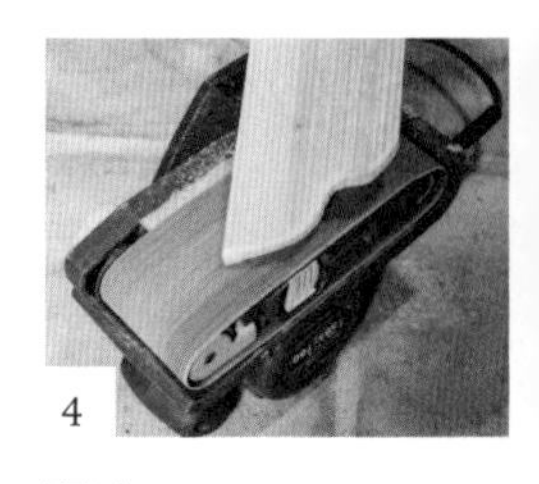
4

研磨

把切完的木料磨一下就行了。把带状研磨机倒过来，拿着木料在上面磨的话更有效。

圆锯

圆锯比手工锯子切得快且直。

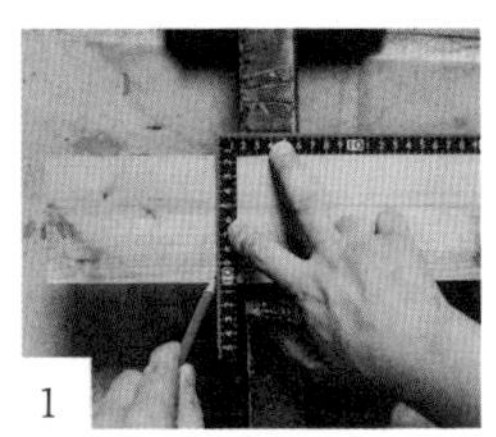
1

用直角尺画直线

把直角尺水平紧贴木料的边，就能画一条直线。

2

把木料固定

把木料牢牢地固定住，锯片别在线的正上面，要考虑锯片的厚度。

3

转动锯片切木料

按下开关，锯片的转速稳定后，下压把手切割木料。

4

推动锯片

把手往里面推，让转动的锯片切割木料。切好后把手上提抬高锯片，关掉开关。

45 度切割（锯子）

一般打家具时，大锯子用着方便。

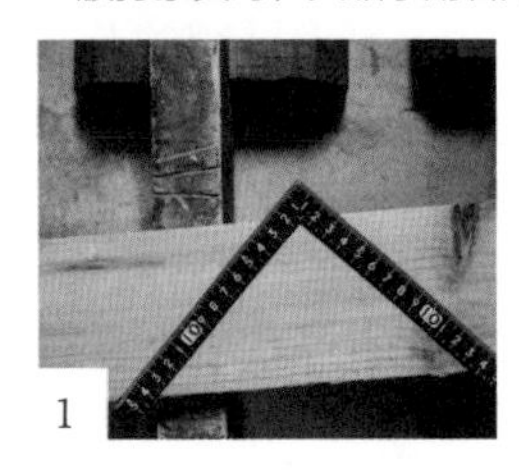
1

用直角尺测出 45 度

把直角尺像图中那样，用左右两边相同的数字对准木料边缘后，就能轻松量出 45 度。

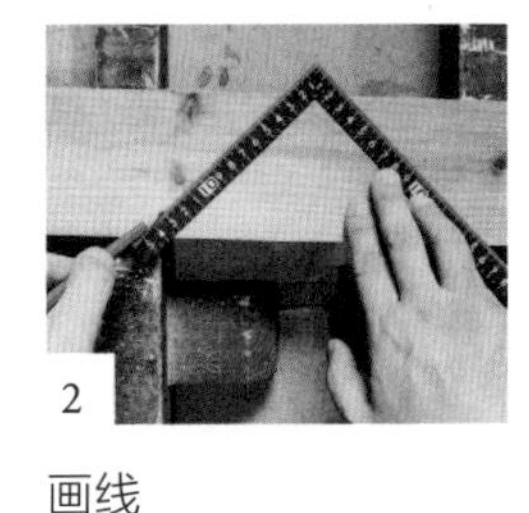
2

画线

维持步骤 1 的状态，用铅笔画出 45 度线。

3

压上一块木头后切割

用锯子切割木料，压上一块木头后沿着线就能切整齐了。

4

拼合 45 度切割后的面

把 45 度切完的面拼在一起就做好了。可以做像框架和窗框这样的框子。

45 度切割（电动圆锯）

用电动圆锯切割又快又准又省事。

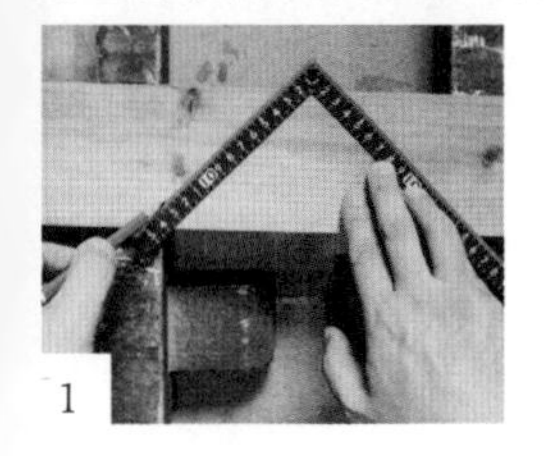

1

画线

画出 45 度线。

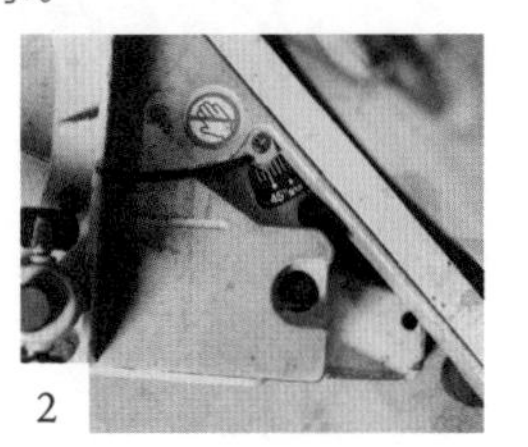

2

设置台面和锯条

用直角尺画完 45 度后，设置台面和锯片，把台子上的刻度对准 45 度。

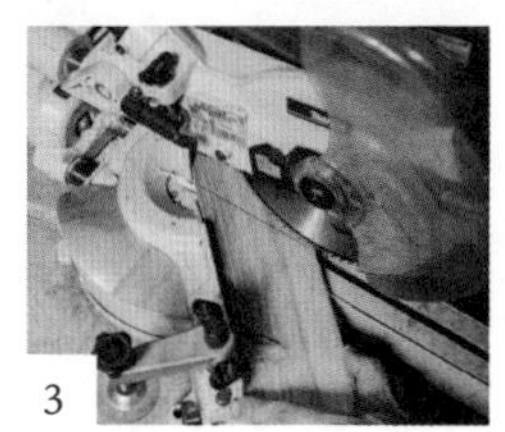

3

转动锯片

固定木料，切割时注意锯片的厚度。

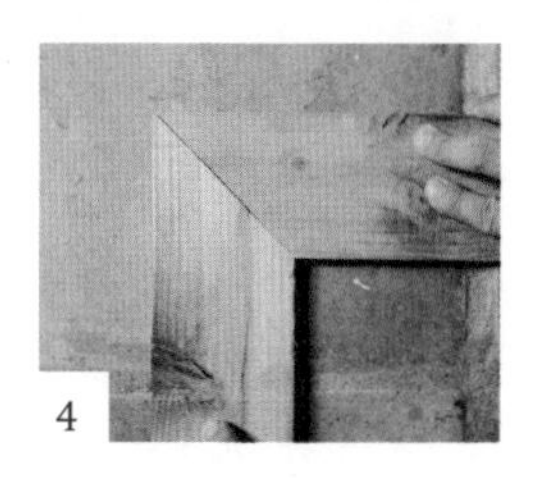

4

拼上切完的面

45 度切割完成。

斜切 45 度（电动圆锯）

阻力大切割困难的斜 45 度，用电动圆锯就能搞定。

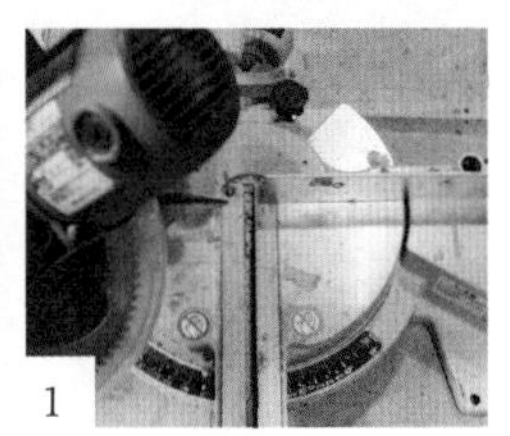

1

把锯片平放

斜着放圆锯上的锯片，角度设定在 45 度。

2

切割木料

固定，待转速稳定后再切。

3

切好的切割面

斜切不仅是 45 度。有多种角度可以调节。

4

拼上切割面

把切完的 45 度角木料像相框一样拼上。比普通方法切出来的好看，做箱子时可采用。

竖切（圆锯）

沿着木料的纹路，平行竖着切出来。锯台设置有点麻烦，但操作简单。

1

调整锯的长度

把圆锯的长度调整到与要切的木料厚度差不多一致，就可以放心切割了。

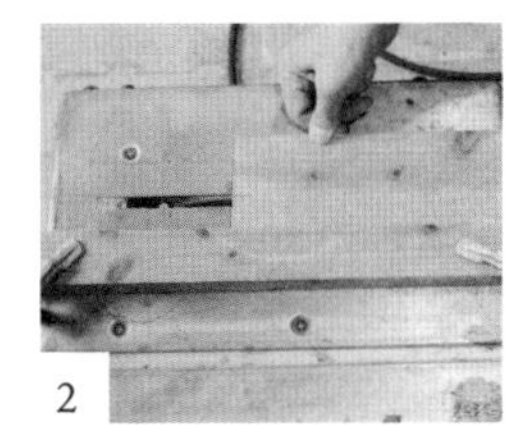

2

切割木料

固定木料，按下圆锯开关进行切割。锯片一直处于转动状态，当心不要伤到手。

3

如何按住木料

锯片不断转动，所以木料容易被向上带起来。要按住两个地方。

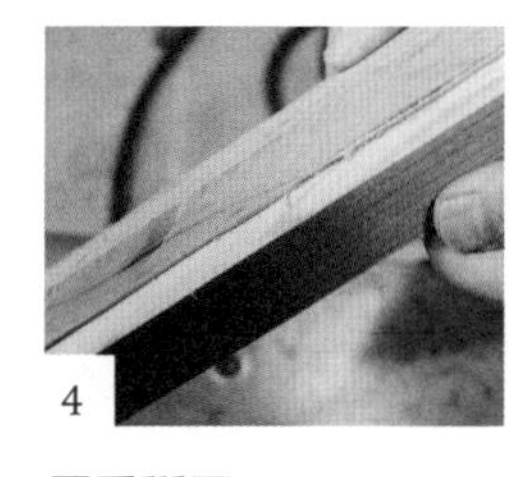

4

用手掰开

切完后连着薄薄的一层。用手就能将其分开。残留在切割表面的皮很薄，用手一撕就干净了。

纵向切割厚木料（圆锯）

讲解纵向安全切割厚木料的方法。

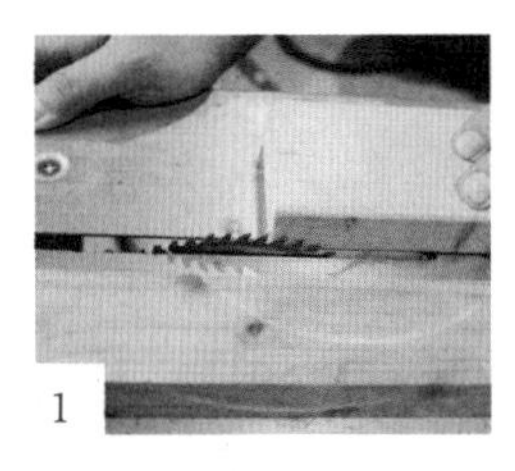

1

调整锯片长度

锯片长度是切割木料厚度的一半。如果想一次切完的话，机器负担太大。最好分几次切。

2

先切一面

按下开关，先切一半。要是一次切到底的话，锯片不容易控制。

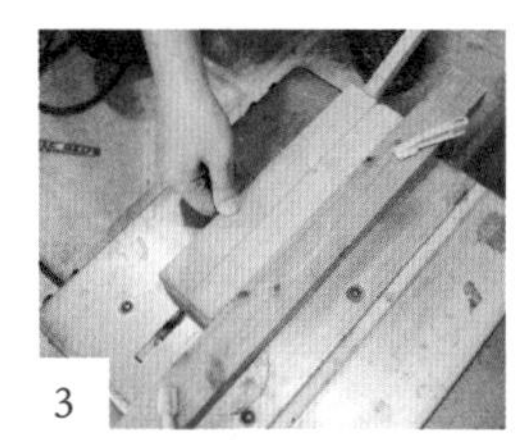

3

切另一面

把木料翻过来再切。

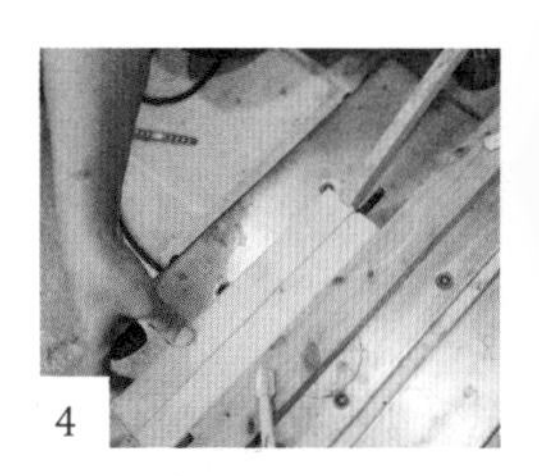

4

切割完要注意的事情

由于圆锯的转速会把木料弹飞，所以切的时候要压着木料边缘。

L 形切割

从两个方向切割木料的话，可以做出 L 形的零件。

1

切 L 形的一个边

把圆锯的锯片拉出和准备切割的面一样长。把锯沿着线的内侧来切。

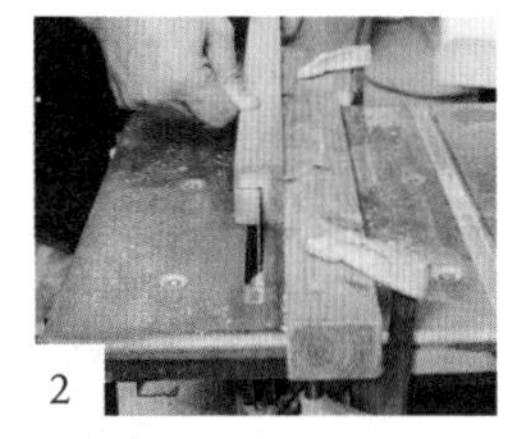

2

再切另一边

平放木料，调节链条长度和固定板位置后，再切另一边。

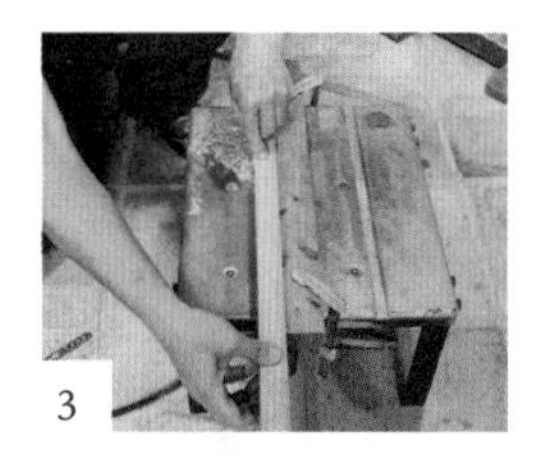

3

切完后注意

切好后，要按住一边。找别人帮忙按着也行。

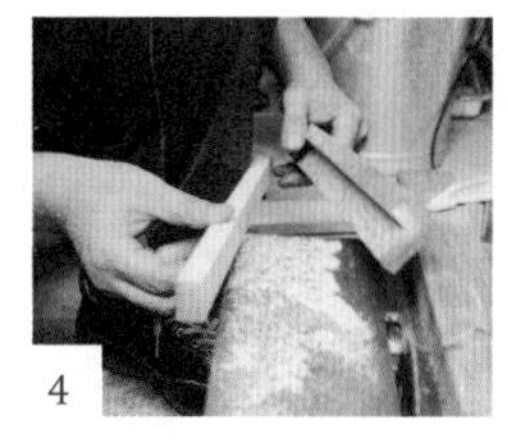

4

L 形零件完成

L 形零件完成。

切铜管（线锯）

水管等用到的铜管和铁管也能用线锯切。

1

锯的区别

带齿参差不齐的是木头用锯。细的是金属用锯。切铜和铁等金属时在线锯上更换切金属用锯。

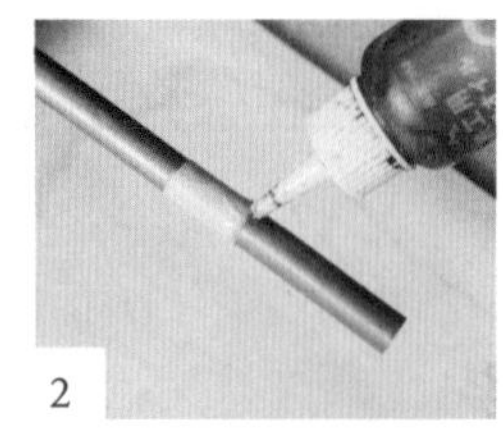

2

做标记并抹油

在要切割的地方缠上防护胶带做出标记。为了保持切割顺滑，要抹上金属钻头润滑剂。

3

用线锯切

一边查看防护胶带位置一边进行切割。

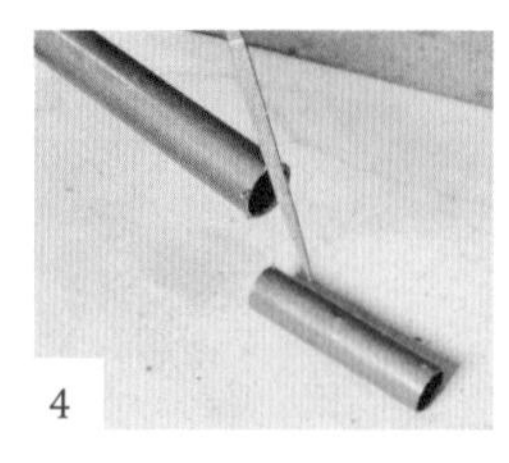

4

用锉刀磨一下

把切口用锉刀锉一下，锉到摸上去不伤手就行了。

连接 *Joint*

用钉子连接

钉钉子的方法是木匠活儿的基本功。打一个孔后，钉子就不会歪了，而且省力。

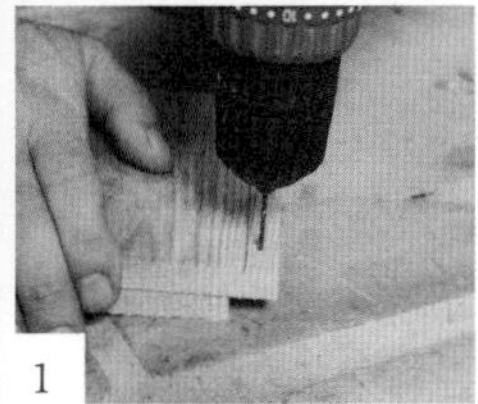

打孔

用比钉子直径细的钻头打个孔。孔深以准备的钉子长度的三分之二为准。

拿胶粘上

胶抹在接合面上，进行粘贴。

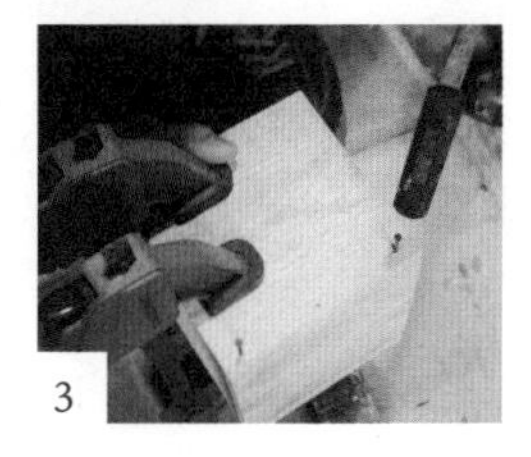

连接

挥动锤子从上面砸。开始砸的时候用手扶着。要是拿夹钳固定住木料的话，木料就不会活动了。

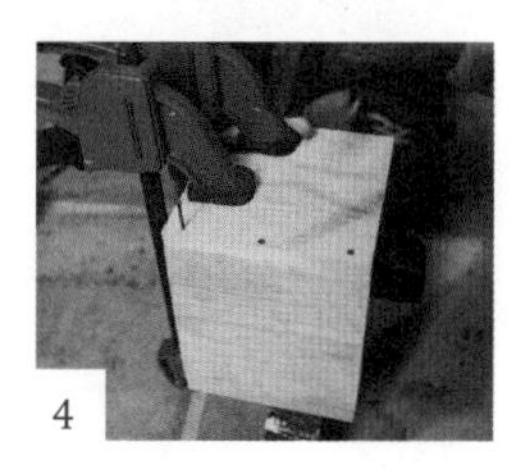

钉到底

钉到底是为了不让钉子帽突出来。事先打了孔，板子就不容易裂了。

木销子连接

木销子是木制的短圆木棒。外型很漂亮，可以用来做收尾工作。

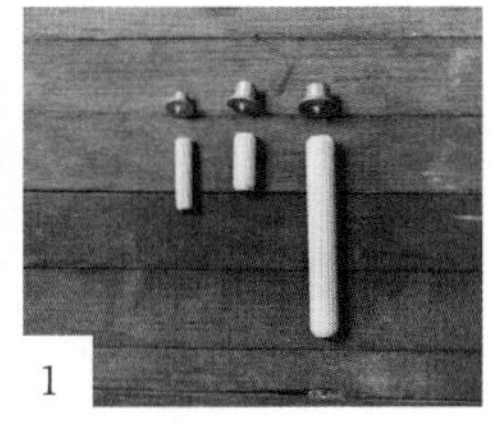

木销子的尺寸

木销子有各种粗细和长短。由左开始是直径6mm、8mm、10mm的。这次要用的是直径8mm的。

电钻打孔

用电钻打一个插木销子的孔。在钻头上用防护胶带做个能容下木销子一半的标记。

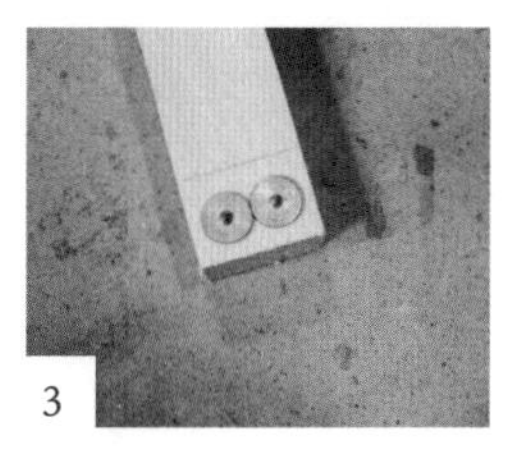

放入定位销

放入定位销。

做记号

把要连接的木料放上去，用锤子敲一下。这样另一边木料上就留下了定位销的痕迹。

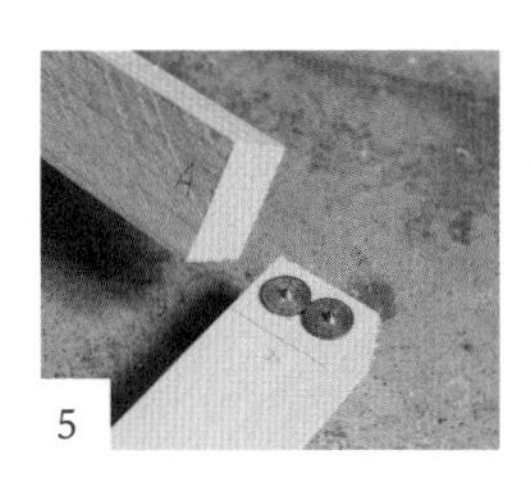

在标记处打孔

用电钻在留下定位销痕迹的地方打孔。提前可以做个记号以便弄清木料的方向。

抹上胶

往一开始打孔的木料上倒入胶后，用锤子把木销子砸到底。

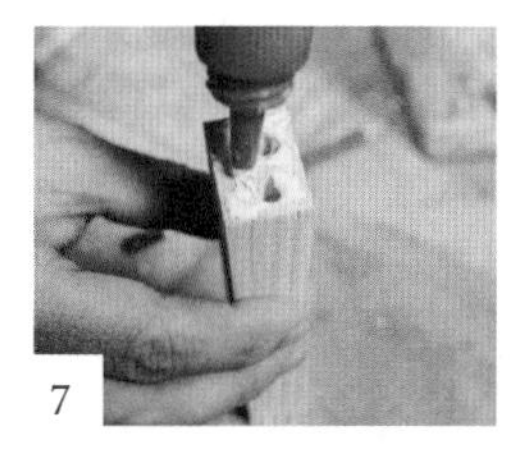

抹上胶

再把胶水倒入另一边木料的孔内，粘贴面也抹上胶。

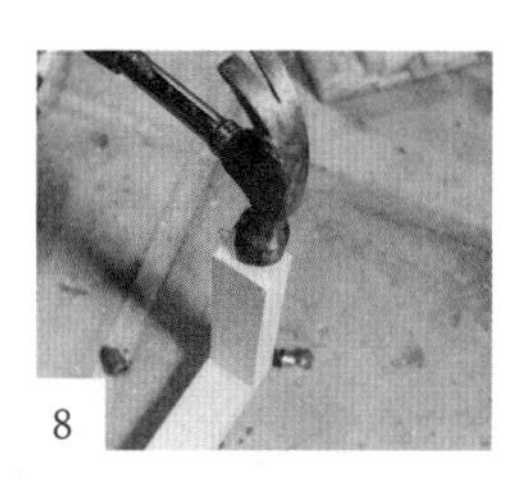

连接

把木销子对准销孔，用锤子钉到底。漏出来的胶可以用湿毛巾擦干净。

用螺钉连接，用木销子遮盖

可以很好地掩盖住螺钉。

1

连接

用胶粘连木料。

2

打孔

钻头的尺寸要搭配用到的木销子尺寸。选择比螺钉帽直径大的。

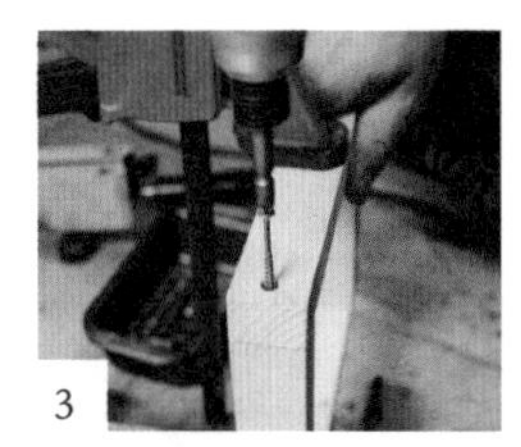

3

拧螺钉

开一个稍大的孔，再用电钻拧上螺钉。

4

放上木销子

在弄完的螺钉上面抹上胶。再用锤子把木销子敲到底。

5

切断木销子

把锯子和木料持平贴紧。把多出来的木销子锯掉。

6

用锉刀锉一下

这样就掩盖住了螺钉。可用于想要做得美观的地方。最后用锉刀一锉就干净了。

用防裂螺钉进行连接

推荐理由是防裂螺钉不用开孔。而且，螺钉头部为茶色，不显眼。

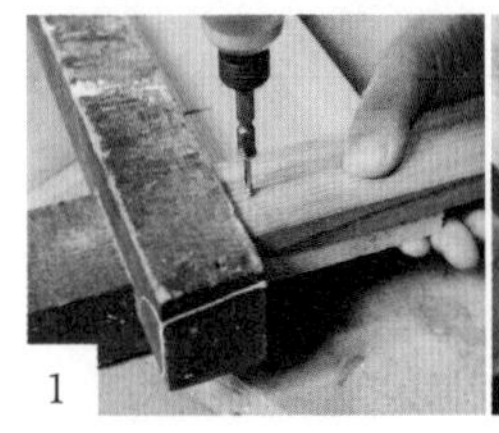

1

上螺钉

用电钻拧上螺钉。

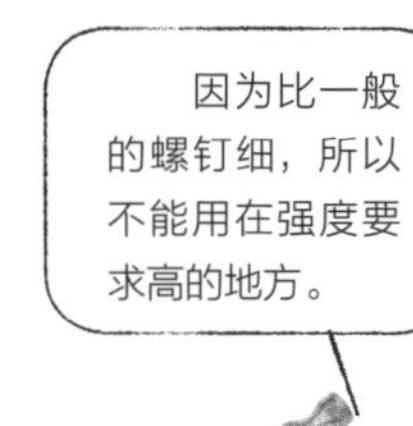

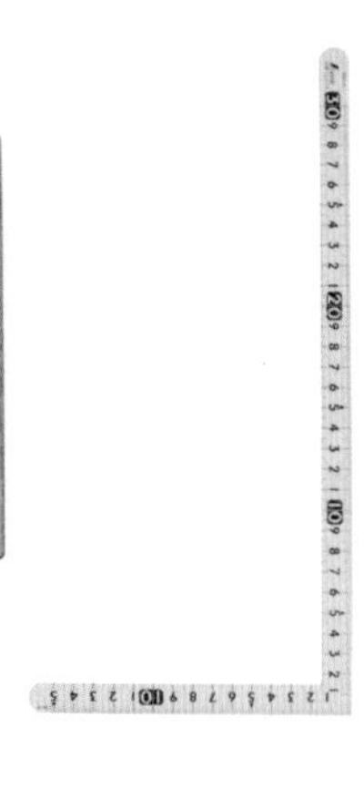

做出咬合连接

挖出沟槽来连接两块板的话，更结实。

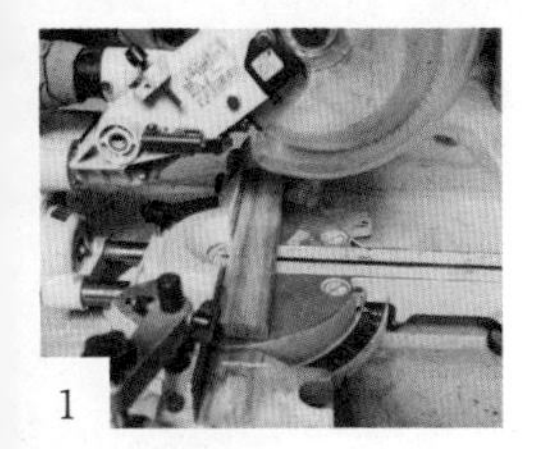

1 装一块废板

锯子圆的部分不能切割边。要全部切割的话需要装一块废板。

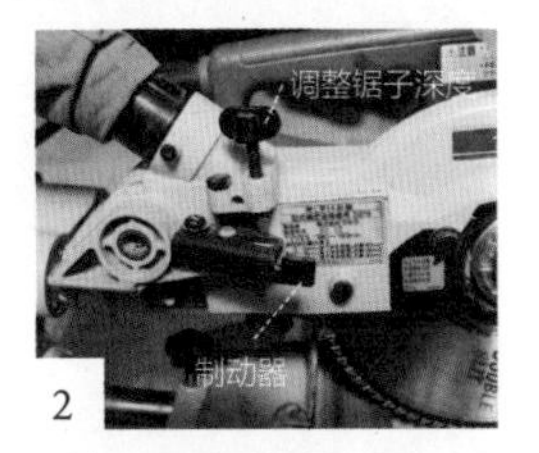

2 用制动器固定

松开制动器，锁定在锯能放进去的位置。沟槽的深度以不到板材厚度一半为准。

3 弄两个切口

把要挖沟槽的板材放在废板的前面。在做记号线的偏内侧弄上切口。

4 多切几次

在两道切口的内侧来回几次，用电动圆锯慢慢地小碎切。

5 沟槽做完了

连同废板一起切，所以圆锯也以同样的深度切到了板材的里面。

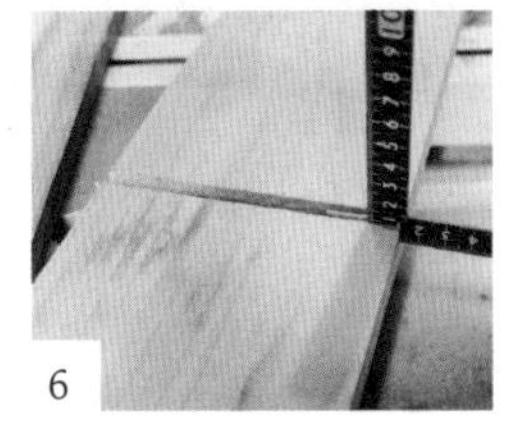

6 完善沟槽

有了沟槽之后，用凿子可以使沟槽的底部平整。也可以用曲尺。

7 把板材镶到沟槽上

用锤子把板材敲到沟槽里。

8 完工

例如这样的牌子、柜子等。再加上螺钉的话会更结实。

刻削 *Decorate*

刻装饰花纹（铣削台、刻刀）

装饰线条买回来之后不用粘，就可以直接装在门窗上。

1 各式各样的刻刀

刻刀有用作木板加工的大号刻刀和灵活多变可以干细活儿的修剪刻刀两种。

2 装刻刀

在铣削台上安装好刻刀。

3 刻木头

木料紧贴挡板。稳稳地按着头部进行切割。

4 完成表面切割

快速旋转的刻刀会把木料的边缘刻成一样的形状。装饰就做好了。

DIY 人气咖啡馆

创造带给我们的不仅是一种享受，更是一场欢欣雀跃的体验。

cafe la famille

咖啡馆

家庭咖啡馆位于日本茨城县，因具有法国南部乡村田园风，以及美味的食物和贴心的服务被各大美食家收录为必去特色咖啡馆之一。

装饰即便是新加的也做出复古风格，力求精致。这个地方有一种可以让人忘记现实生活的魅力。

人们来到这座郊外的咖啡馆，等待他们的是夹在两座建筑之间的小路。走在路上时，对小店的期待倍增。

用树枝做的栅栏和鸡舍等，在咖啡馆周围有很多可以获得创意灵感的东西。散步也不错。

丸林佐和子（以下简称“佐”）： 我们第一次来 Café La Famille（家庭咖啡馆）是在 2004 年，十多年过去了，这段时间添了很多东西啊。

奥泽裕之（以下简称“奥”）： 对啊。为了能一点点地改，我已经弄了几个用锯子，就能拆墙的地方。现在是舞台的地方，本来是在外面的。

石川聪（以下简称“聪”）： 每次来都有变化。

奥： 的确是一点一点地在修改，不过在我画的草稿中，就已经有了这样完工后的效果。比如在此之上院子再扩出来 5 m 等。刚开始的时候，是持续 30 年的计划。本来打算要花 15 到 20 年来改动。像那种很快就倒闭的店，基本都是一下子就火爆了。虽然开业时人气爆棚，但是想维持的话会很困难。所以小修小改，让店先火 15 年，再有热度缓慢降低的 15 年，就能完成 30 年的计划了。不过全靠大家的支持，营业额一直上升。虽然是平缓上升。不过本来计划用 15 年来做的事，10 年就完成了。我正琢磨剩下的 5 年要干点什么。

请一个专业木工做的桌子。

老板奥泽裕之，从料理到装修，从内到外，一手包办。

进去之后，是个超凡脱俗的地方。舞台的装饰是专业木工根据老板描述的画面来做的。

但是现在是第 12 年，还想扩大一下院子，再增加一些带有日式元素的节目。看来今后的几年内还能干一些超乎客人想象的事。

佐：看来还有很长一段路要走。

聪：不打算开个分店吗？

奥：不，完全没有。

聪：我就知道你会这么说。

奥：赚钱的话当然要考虑了。但最后发现，我主要是想做一个自己想要待着的地方。相对于别人来说的话，我对赚钱的欲望没那么大

佐：那么把这里布置得这么漂亮是为什么？

奥：也不知怎么的，不想弄得中规中矩吧。就想做点改变。倒不是因为我自己愿意，一想到要是 10 个客人中有 3 个人喜欢这种设计的话，就着手做了。自己能做的东西，自己就做了。

佐：你觉得“自己制作”很平常吗？

奥：父亲是个农民，什么都会做。刚跟他说想要个滑板，父亲就做了一个。可能是因为有这个经历吧。

聪：装着轮子的木板。

奥：对。还是小孩的我天真地想，不是那个。如果让不懂滑板的人来做，肯定会弄成这样。装这个店用了七八个月。在第三四个月我盯着工人们施工时感觉“这个我也行”，之后就开始自己动手了。虽然这么想，开始的时候，还没有全都自己做的想法。因为装修师傅已经做了一部分了。要是都自己 DIY 的话，不就和过家家一样了嘛。我觉得那样肯定不会被各个年龄段的人接受。所以我想把舞台的部分交给专业人士去做。石川先生貌似也想挑战一下？

聪：我就能做专业的东西。

奥：我感觉到即使让专业人士来做也达不到想要的效果时，就自己弄了。比如说，那边放三连体扩音器的大架子。让工人来做的话，过于漂亮反而会喧宾夺主。为了别太惹眼就自己做了。区分开那些需要请别人做的东西。

搭配红色舞台的沙发。墙壁粗略粉刷的颜色，更突显印象里那原本的天然棕色。

奥：DIY 不光尺寸可以精细调节，还能产生用着方便的满足感和喜悦。

聪：或许城市人的生活和乡村生活差别太大吧。农村土地辽阔，这么大的地方，有事就请别人来做的话肯定要花不少钱。于是形成了一种思维模式。那就是，只要把工具备齐了，一些活儿自己就能干，一旦有了这样的想法，便立即去做。

奥：在美国和欧洲，类似装窗户这样的活儿不是都自己弄吗？给窗户刷漆还有修家具都是男人的工作。美国有车库，欧洲还有仓库，都是自己做的。自己的船是红色的，所以还得把百叶窗涂红。DIY 很常见。仔细一看就知道漆刷得很随意。

聪：没做修整吧？

奥：就是要那种粗糙的感觉。我觉得那样挺好的。

奥：聪先生，咱俩就不一样，我总是没有目的性地购买材料。先弄了存木材的地方，把材料都存下。开工的时候，喜欢利用手头上有的东西。

佐：那就需要存放木材的地方了。可以理解。

奥：桌腿虽然看起来是各式各样的，只要高度合适就行。这就是咱俩对于美的理解的不同吧。

聪：我觉得这些地方都是这家店的独特之处。现在无论是桌子还是灯具，哪儿都可以买到很时尚的。我也是在网上看到，对于那些流行的模仿，还有用网上买的东西来装饰，反而失去了独特性。自己做的东西，更能体现特殊的感觉。所以我才觉得有来这里的必要。

奥：总之，只要我们满怀期待，这种感觉肯定会传递给客人。乐趣就在于一边想象客人晚上进店时满心欢喜的表情，一边制作。那些带着别人来的客人也会为朋友是否喜欢这家店而紧张。客人一下车看见建筑就充满期待了。在上菜之前期待倍增。“如果自己是客人的话有什么感觉”，我就是从这个视角来进行制作的。谁都对常见的东西提不起兴趣，对吧？这样就

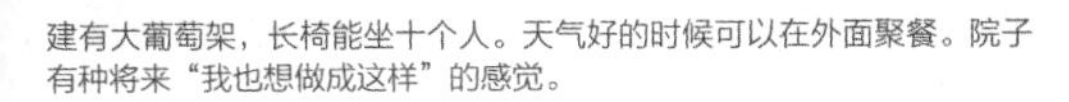

建有大葡萄架，长椅能坐十个人。天气好的时候可以在外面聚餐。院子有种将来“我也想做成这样”的感觉。

让木料三个月风吹雨打，这种使看起来可以呈现出漆刷得很糙的感觉。具有观赏性。

好办了，做些还未问世的东西，打破那些条条框框。

聪：兴奋不已的感觉因为网络已经减少了。摸索后发现，这种活动恐怕会越来越难实行了。

奥：比如说院子里的树有多大，必须亲自去体验。

聪：看腻了肯定没意思。因为有别处没有的东西，独特的地方才让人感到兴奋。

佐：想来这家店的理由就在于，有别致的地方。

奥：虽然微不足道，可也要下功夫。尽管聪先生不喜欢，但我还是把边角打磨了。

聪：我也打磨了。

奥：不过这不是把螺钉孔填好藏起来的类型。我原本想做漂亮的。但是转念一想，没有那么多制作时间，另外有点 DIY 的感觉也好。砍完一根木头之后，心想跟这根木头一样大就行。所以连长度也没量。

聪：家具也好服装也好，做成适合自己尺寸就行。

奥：是。自己做得也开心。

Café La Famille
（家庭咖啡馆）
位于茨城县
911-4
tel.0296-21-3559
11：30 ~ 22：00 L.O、
节假日 21：00 L.O
周四，及每月第一个和第三个周三，休息

2003 年开业。是一家有着复古杂货店和木艺家的精选物品，集便利店、仓库和院子于一体像个小村子的咖啡馆。扎根于结城市，也主动承接动员整个区域的活动。另外还会供应美味分量足的菜肴。

悠闲而舒缓。不把装饰强加于人，谁都可以放松。

Cafe 5040 Ocha-Noua

诺卡咖啡馆

这是一家坐落于居民区，平易近人的店。孩子们放学后会光顾。

老板须藤很潇洒，个性随和。

过去的座位上贴有铁皮。上面的地板是小学教室那种合成木地板。

外面是铁皮加石头。买完材料后和工人一起搭的。具备不可燃的特性，也用作比萨炉。

丸林佐和子（以下简称“佐”）：关于这个店，最开始还是某个画室在附近的朋友带我来的，然后我就喜欢上了。白天在家里工作，晚上来这里可以放松一下。所以，白天来还是头一次。

石川聪（以下简称“聪”）：来这里的人马上就能感觉到这种不细致的地方其实很不错。有种随意的感觉。要是太豪华，反而让人拘束。人们可以悠闲地待在这里。

须藤高扬（以下简称“须”）：谢谢，因为您总是晚上光临，所以您白天过来时，有些忐忑不安。

聪：用这种不那么讲究的自动门，好像有在职场办公的感觉。

须：是啊。我平常喜欢老物件和老铺子。也许是我一动手制作、脑子里想象东西时，就把它做成了复古风吧。

拉门窗加装上了黑板。一前一后有两个。夏天时打开，冬天能关上。随处可见像这样的独特设计。

采访过程中始终笑声不断，须藤的随意性格也是这间小店的魅力之一。

这间店铺的一大特点就是大量的拉动窗。通过更换玻璃和重新刷漆营造出了莫名的整齐感。

想弄得更朴实一些。还看了其他店。感觉也不错。虽然这么想过，最后还是变成了这样。

大家：哈哈（笑）

须：但是，我觉得重要的还是不管怎样先去做。我失败过，也抱怨过。可是，如果不去做，就什么也没有了。自己动手的话，就算失败也不会后悔。有时候，不是因为自己想做什么东西，而是想用那些没试过的工具。

佐：我非常有体会。一去家具中心看到新出的工具，总琢磨怎么用，在哪儿用。

聪：反正就是想试呗。

须：建材也是吧?

佐、聪：对。

须：店里中央的地面有个稍微高出来的地方。上面基础铁板的框，也是想用铁试试才做的。相当麻烦的。

聪：室外的话风吹雨淋的，木材会腐烂。一些地方要用到铁。看到这个的时候有点疑惑。

须：即使现在还有疑惑，我也回答不了。那里本来是开酒馆时用来给客人加座的地方。拆了之后调到了现在的高度，重新换了地板。框用木头的也行，但因为想用铁，就用了铁板。把铁敲弯后铺上去太累。我不建议这么弄。喜欢纯色系的话，首选铁和木头。

佐、聪：铁和木头！不错啊。

佐：二楼楼梯上铺的瓷砖真漂亮。

须：一边铺了瓷砖，另一边嫌麻烦就改成了刷漆。主要是觉得以后再改也行。

佐：估计以后你就不干了。

聪：这样随意，看了这间店，但凡想开咖啡馆的人都能鼓起勇气。

面前的柜台桌是把其他家具上用过的木板二次利用后的产物。根据需要还可折叠。

聪：您原本就对制作感兴趣吗？

须：父亲喜欢做一些东西，也许是受他的影响。我爷爷是自己可以盖房子的人，还说如果来串门的话，就把榻榻米改成木地板。问过他之后才知道，周围有几处房子都是爷爷盖的。

佐：和我家里一样。

须：一回自己家，那些在市面上没见过的家具，基本都是父亲或爷爷自己做的。在市面上看到后不是想买，而是心想“要是自己做的话，那就有意思了”。

佐：这样一来，比起我们做东西就更随心所欲了。做着高兴，看着也高兴。

须：看着做，按部就班地弄。还是要有由着自己性子来的部分，这样干活才快乐。所以对这个店进行内部装修时，我并没有考虑请装修公司。

佐、聪：是吗？

须：开始时，因不知怎么办而束手无策。之前的人全拆了。琢磨必须赶紧做些什么。每天都去家具中心，然后从里面的小房间开始，一个房间接着一个房间地弄。花了半年时间总算是有了一点样子。

聪：但是，半年就弄成这样，也让打算从现在开始的人信心倍增啊。

须：二楼是后期做的。二楼本来是用来住的起居室，正好朋友准备把一个独特的楼梯扔了，于是就想让他给我。其实这个楼梯是奥老板先说想要的，但是他弄到了一个别的。所以很幸运，我得到了。布置时，我还请了工人，一起在二楼地板上打了孔，再接上楼梯，才有了现在这个地方。这个楼梯一眼看上去，高度合适还很配老建筑。

聪：一些地方增加了钢筋，铁架的墙也是后加的吧？

须：电路的电线太复杂了，那时还想怎么办好。结果成了今天这个样子。

聪：装窗户，安装带铁架的墙。

佐：你知道怎么装铁架吗？

须：板材等方面问了工人，然后一起做。连工具都没有，借了一套。

过去用于居住的二楼。顶子低，但是坐下来的话高度正合适。只有左边贴了瓷砖。那种氛围，让来客感到舒适平静。

从墙壁到屋顶都用铁架装饰。

利用旧材料，随意地做了一个卷纸架。

聪：这份纯真就是不刻意追求做得完美，因此颇有魅力。这种感觉从房顶的高度上就能体现出来，能不能给想开咖啡馆的人一些建议呢？

须：把自己想象成客人，一个人来的时候坐在这里是什么感受。可以重复几次，来调整桌子、椅子以及灯光高度等。虽然程度由自己掌握，但一定要注意站在客人的角度来做。布置座位时要想，让别人也坐下，看看与旁边的距离是多少人们才不会别扭。别让人感觉不舒服。

佐：今后有什么打算？

须：要是能传达 DIY 趣味性就好了。或者在别的地方再开一家咖啡馆。要是开在稍远的地方，客人也会来总店。还有，我要是能学会烤咖啡豆，就能发给散步的人们了。

佐、聪：嗯？

诺卡咖啡馆（Café Ocha Nova）
日本茨城县古河市本町 4-2-29　tel.0280-32-5577
13：00—22：00（21 L.O）/ 周一休息
很久以前就坐落于商业街的咖啡馆。前身是个酒馆，经过改造后，于 2006 年开业。契机是在十年前，身边的同学一个接一个地去了东京，所以我开始考虑在这条街上“弄个什么样的店会有意思”，2010 年改造了二楼，扩大了面积。

图书在版编目（CIP）数据

木工手贴：复古风家具轻松做 / (日) 丸林佐和子，(日) 石川聪著；陈建，魏榕译. --南京：江苏凤凰美术出版社，2020.11

ISBN 978-7-5580-6999-4

Ⅰ.①木… Ⅱ.①丸… ②丸… ③石… ④陈… ⑤魏… Ⅲ.①木家具-制作 Ⅳ.①TS664.1

中国版本图书馆CIP数据核字(2020)第005569号

江苏省版权局著作权合同登记：图字10-2019-550

出版统筹 王林军
策划编辑 陈景
责任编辑 王左佐
助理编辑 许逸灵
责任校对 刁海裕
特邀编辑 李雁超
封面设计 毛海力
责任监印 张宇华

书　　名 木工手贴　复古风家具轻松做
著　　者 [日]丸林佐和子　[日]石川聪
译　　者 陈建　魏榕
出版发行 江苏凤凰美术出版社（南京市中央路165号　邮编：210009）
出版社网址 http://www.jsmscbs.com.cn
总 经 销 天津凤凰空间文化传媒有限公司
总经销网址 http://www.ifengspace.cn
印　　刷 天津图文方嘉印刷有限公司
开　　本 710mm×1000mm　1/16
印　　张 10
版　　次 2020年11月第1版　2020年11月第1次印刷
标准书号 ISBN 978-7-5580-6999-4
定　　价 58.00元

营销部电话　025-68155790　营销部地址　南京市中央路165号
江苏凤凰美术出版社图书凡印装错误可向承印厂调换